"创新设计思维"
数字媒体与艺术设计类新形态丛书

全|彩|慕|课|版

Cinema 4D R25

三维建模设计案例教程

曹茂鹏 肖念 张胤瑾 主编

吴丽婷 卞妍 李根启 副主编

人民邮电出版社
北京

图书在版编目（CIP）数据

Cinema 4D R25三维建模设计案例教程 ：全彩慕课版/
曹茂鹏，肖念，张胤瑾主编. — 北京 ：人民邮电出版社，
2024.1
（"创新设计思维"数字媒体与艺术设计类新形态丛
书）
ISBN 978-7-115-63144-2

Ⅰ．①C… Ⅱ．①曹… ②肖… ③张… Ⅲ．①三维动
画软件—教材 Ⅳ．①TP391.414

中国国家版本馆CIP数据核字(2023)第218526号

内 容 提 要

本书是一本全面讲解Cinema 4D三维建模设计应用的教材，注重案例选材的实用性、步骤的完整性、思维的扩展性，能够让读者掌握案例的设计理念及制作思路。

本书共13章，第1~11章对Cinema 4D基础操作、参数对象建模、生成器建模和变形器建模、多边形建模、渲染设置和摄像机、灯光、材质和贴图、运动图形、动力学和布料、粒子和力场、毛发和动画进行了介绍，第12章和第13章针对产品展示设计、电商促销广告设计两个热门应用行业的综合案例进行讲解。

本书可作为普通高等院校三维建模设计相关专业课程的教材，也可作为相关行业设计人员的参考书。

◆ 主　　编　曹茂鹏　肖　念　张胤瑾
　　副 主 编　吴丽婷　卞　妍　李根启
　　责任编辑　韦雅雪
　　责任印制　王　郁　陈　犇
◆ 人民邮电出版社出版发行　　北京市丰台区成寿寺路 11 号
　　邮编　100164　　电子邮件　315@ptpress.com.cn
　　网址　https://www.ptpress.com.cn
　　涿州市般润文化传播有限公司印刷
◆ 开本：787×1092　1/16
　　印张：13.75　　　　　　　　2024 年 1 月第 1 版
　　字数：353 千字　　　　　　2025 年 1 月河北第 3 次印刷

定价：79.80 元

读者服务热线：(010)81055256　印装质量热线：(010)81055316
反盗版热线：(010)81055315
广告经营许可证：京东市监广登字 20170147 号

Cinema 4D 是一款深受用户青睐的三维建模设计软件，被广泛应用于工业设计、游戏设计、动画设计、影视特效设计、建筑设计、电商设计、包装设计、UI 设计等领域。基于此，很多院校开设了 Cinema 4D 三维建模设计的相关课程。

为了帮助广大院校培养优秀的平面设计人才，本书以 Cinema 4D R25 为蓝本，在讲解各部分软件基础应用的同时，搭配讲解步骤详细的完整案例。本书的大部分案例包含项目诉求、设计思路、项目实战模块，让读者不仅能学习案例的技术步骤，还能看懂案例的设计思路及理念。

本书特色

◎ 章节合理。第 1 章主要讲解 Cinema 4D 软件的入门操作，第 2 ~ 11 章按软件技术分类讲解具体应用知识，第 12 章、第 13 章是综合应用案例。

◎ 结构清晰。本书大部分章节采用软件基础＋实操＋扩展练习＋课后习题＋课后实战的结构进行讲解，让读者实现从入门到精通掌握软件应用的目标。

◎ 实用性强。本书精选实用性强的案例，以便读者应对多种行业的设计工作。

◎ 项目式案例解析。本书案例大多包括项目诉求、设计思路、项目实战模块，案例讲解详细，有助于提升读者的综合设计素养。

本书内容

第 1 章　Cinema 4D 基础操作，包括 Cinema 4D 界面、基本操作等内容。

第 2 章　参数对象建模，包括网格参数对象、样条参数对象、样条工具、转为可编辑对象等内容。

第 3 章　生成器建模和变形器建模，包括生成器建模、变形器建模等内容。

第 4 章　多边形建模，包括将模型转为可编辑对象、"点"级别中的重点参数、"边"级别中的重点参数、"多边形"级别中的重点参数、"模型"级别中的重点参数等内容。

第 5 章　渲染设置和摄像机，包括认识渲染、设置编辑渲染器、认识摄像机、创建和编辑摄像机等内容。

第 6 章　灯光，包括灯光概述、聚光灯、目标聚光灯、区域光、PBR 灯光、IES 灯光、无限光、日光、物理天空等内容。

第 7 章　材质和贴图，包括材质初步、材质管理器和材质编辑器、常用贴图类型等内容。

第 8 章　运动图形，包括运动图形概述、效果器等内容。

第9章 动力学和布料，包括动力学、布料、动力学工具等内容。

第10章 粒子和力场，包括粒子、力场等内容。

第11章 毛发和动画，包括毛发、关键帧动画、管理器、约束、命令、转换、角色、CMotion、关节工具、关节、蒙皮、肌肉等内容。

第12章 产品展示设计，对"呈现中国传统新年氛围的化妆品展示设计"进行项目式解析。

第13章 电商促销广告设计，对"消费日促销广告设计"进行项目式解析。

本书采用 Cinema 4D R25 版本进行编写，为了取得最佳效果，建议读者使用该版本进行学习。

配套资源

本书提供了丰富的立体化资源，包括实操视频、案例资源、教辅资源、慕课视频等。

读者可登录人邮教育社区（www.ryjiaoyu.com），在本书页面中下载案例资源和教辅资源。

实操视频：本书所有案例配套微课视频，扫描书中二维码即可观看。

案例资源：所有案例需要的素材和效果文件，素材和效果文件均以案例名称命名。

教辅资源：本书提供 PPT 课件、教学大纲、教学教案、拓展案例、拓展素材资源等。

素材文件　　效果文件　　PPT课件　　教学大纲　　教学教案　　拓展案例　　拓展素材资源

慕课视频：作者针对全书各章内容和案例录制了完整的慕课视频，以供读者自主学习；读者可通过扫描下方二维码或者登录人邮学院网站（新用户须注册），单击页面上方的"学习卡"选项，并在"学习卡"页面中输入本书封底刮刮卡的激活码，即可学习本书配套慕课。

慕课课程　　　　　　　　　　　　　　　　　　　　慕课课程网址

编者团队

本书由曹茂鹏、肖念、张胤瑾担任主编，由吴丽婷、卞妍、李根启担任副主编。由于时间仓促，加之编者水平有限，书中难免存在不妥之处，请广大读者批评指正。

编者

2023 年 12 月

目录

第5章 70
渲染设置和摄像机

第6章 82
灯光

第 **7** 章............103

材质和贴图

第 **13** 章 192
电商促销广告设计

第1章

Cinema 4D基础操作

本章是 Cinema 4D 的基础内容，通过学习本章，读者可以熟悉 Cinema 4D 的界面组成及简介，并且可以掌握 Cinema 4D 的基本操作。

本章要点

📹 知识要点

❖ Cinema 4D 界面
❖ 基本操作

1.1 Cinema 4D 界面

打开Cinema 4D，可以看到界面由多个部分组成，如图1-1所示。

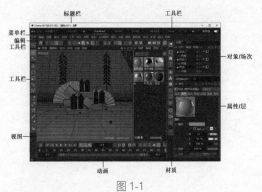

图 1-1

1.1.1 标题栏

"标题栏"中包括软件版本信息、文件名称等。

1.1.2 菜单栏

"菜单栏"中包含18个菜单，分别为文件、编辑、创建、模式、选择、工具、样条、网格、体积、运动图形、角色、动画、模拟、跟踪器、渲染、扩展、窗口、帮助，如图1-2所示。

图 1-2

- 文件：用于对文件进行保存项目、合并项目、导出等操作。
- 编辑：用于进行常用的操作，如撤销、复制、删除等。
- 创建：可以创建模型、灯光等，当然也可以在工具栏中选择工具进行创建。
- 模式：可以进行捕捉、执行、坐标设置等操作。
- 选择：用于选择场景中的对象，可以进行实时选择、框选、套索选择等。
- 工具：可以执行移动、缩放、旋转、放置等操作。
- 样条：可以进行样条画笔、草绘、样条弧线工具、平衡样条操作。

- 网格：可以进行多边形画笔、线性切割、倒角、挤压等操作。
- 体积：可以进行体积生成、体积网格操作。
- 运动图形：用于创建效果器、克隆工具等。
- 角色：用于创建应用角色设计的工具，如关节、蒙皮、肌肉等。
- 动画：主要用于制作动画，设置关键帧、播放等操作。
- 模拟：可以模拟布料、动力学、粒子、毛发等效果。
- 跟踪器：可以进行运动跟踪技术的操作。
- 渲染：可以进行渲染活动视图、区域渲染、编辑渲染设置等操作。
- 扩展：可以进行脚本管理、工程整合等操作。
- 窗口：由于界面空间有限，在"窗口"菜单中可以按照用户需求，开启一些面板，如图1-3所示。
- 帮助：主要是一些帮助信息，可以供用户参考学习。

图 1-3

1.1.3 工具栏

Cinema 4D界面中有左侧和右侧两组"工具栏"，可用于完成对对象的基本操作，如选择、移动、旋转、缩放。另外还可用于创建对象，如模型、样条、变形器等，如图1-4所示。

图 1-4

- 选择工具：长按"选择"工具按钮，可以看到下方包括4个类型，分别是"实时选择"工具、"框选"工具、"套索选择"工具、"多边形选择"工具。
- 移动：可以将选中的对象进行移动。
- 旋转：可以将选中的对象进行旋转。
- 缩放：可以将选中的对象进行缩放。
- 放置：可以将模型快速放置于其他模型表面。
- 动态放置：可以移动选定对象并与场景的其他部分发生碰撞。
- 样条画笔：可以以类似钢笔一样绘制样条。
- 多边形画笔：可以绘制多边形。
- 散布画笔：选择模型，并使用该工具在视图中拖曳绘制，即可沿绘制路径复制出该模型。
- 绘制工具：用于绘制顶点贴图。

- 引导线工具：用于绘制并编辑引导线。
- 草绘描绘：可以进行草绘。
- 空白：用于作为父对象使用。
- 样条工具：用于创建样条线。
- 对象工具：用于创建内置模型。
- 文本工具：用于创建二维和三维文字。
- 生成器工具：用于创建生成器。
- 体积和平滑工具：用于创建体积类和平滑类工具。
- 运动图形工具：用于创建运动图形工具。
- 变形器工具：可以在视图中通过拖曳"操纵器"来编辑修改器、控制器和某些对象的参数。
- 效果器工具：用于创建效果器工具。
- 域工具：用于创建域工具。
- 场景工具：用于创建地面、天空、物理天空等。
- 摄像机工具：用于创建不同的摄像机类型。
- 灯光工具：用于创建正在创建中的灯光类型。
- 转为可编辑对象工具：用于将模型或样条转为可编辑对象。

1.1.4 编辑工具栏

"编辑工具栏"中包括多种工具，可用于完成锁定 | 解锁轴、切换对象元素、渲染等操作，如图1-5所示。

图 1-5

- 资产浏览器：单击该按钮，即可打开"资产浏览器"，从中调用很多预置的素材，如图1-6所示。
- 锁定 | 解锁XYZ工具：用于锁定和解锁轴向。例如，锁定后，只能在Z轴移动该对象。
- 坐标系统工具：包含全局坐标和对象坐标，通过单击按钮转换。

3

图 1-6

- （点）⬣、（边）⬣、（多边形）◆、（模型）◉、（纹理）◆、（启用轴心）▣、（UV模式）▣：选择模型的元素及纹理、轴心、UV模式。其中，选择"模型"模式可以选中模型，而选择"点""边""多边形"模式则可以选中子级别。
- （启用捕捉）⬥：激活即可开启捕捉功能。
- （建模设置）⚙：激活即可在属性管理器中显示建模设置。
- （工作平面）⊞：使用工作平面模式。
- （锁定工作平面）⊞：长按即可使用工作平面模式，如平直工作模式、锁定工作模式等。
- （软选择）▣、（轴心和软选择）◎：切换移动、旋转和缩放的软选择；轴心和软选择。
- （视窗独显）◎、（视窗独显自动）⬛：在视窗中隔离所选对象；切换动态选择独显模式。
- （渲染活动视图）▦：单击即可在当前视图中进行渲染。
- （渲染到图像查看器）▦：单击即可在弹出的"图片查看器"中进行渲染。
- （编辑渲染设置）▦：单击即可在弹出的"渲染设置"窗口中设置渲染器参数。

- （材质管理器）◎：单击即可打开"材质管理器"，在其中新建、管理材质球。

1.1.5 视图

"视图"用于显示场景中的对象，如图1-7所示。按鼠标中轮键即可切换四个视图，如图1-8所示，默认视图包括透视视图、顶视图、右视图、正视图。

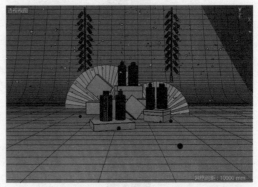

图 1-7

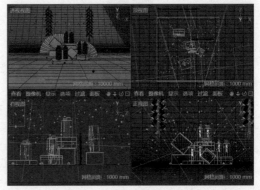

图 1-8

1.1.6 动画

"动画"工具栏用于制作动画、播放动画等，如图1-9所示。

图 1-9

1.1.7 材质

"材质"窗口用于创建和编辑材质，如图1-10所示。

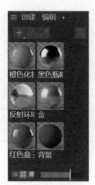

图 1-10

1.1.8 对象丨场次

"对象丨场次"窗口中可以显示对象的名称、材质，以及是否显示丨隐藏对象，如图1-11所示。

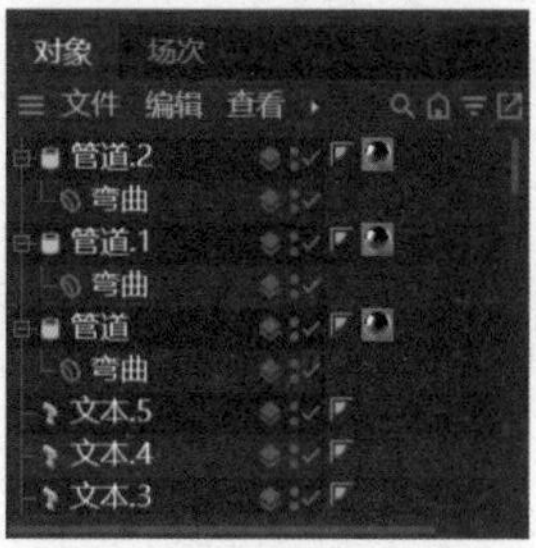

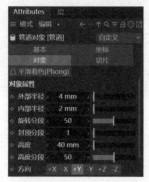

图 1-11

1.1.9 Attributes丨层

"Attributes丨层"窗口用于设置对象属性的基本参数，如图1-12所示。

图 1-12

1.2 基本操作

本节主要讲解Cinema 4D的几种基本操作。

1.2.1 修改模型参数

（1）在菜单栏中执行"创建"丨"网格参数对象"丨"立方体"命令。模型创建完成后，在"对象丨场次"窗口中选中模型，此时即可进入"Attributes丨层"窗口中修改相应的参数，如图1-13所示。

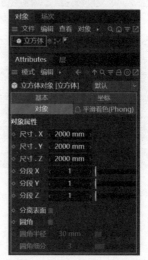

图 1-13

（2）将鼠标指针放置于模型上坐标轴外面的图标上，拖曳鼠标也可修改尺寸，如图1-14所示。

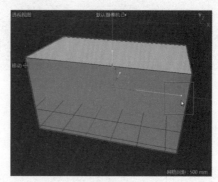

图 1-14

1.2.2 移动

（1）使用"移动"工具，沿单一轴移动。模型创建完成后，将鼠标指针放置于某一轴向上，拖曳鼠标即可仅在该轴向上移动，如图1-15所示。

（2）任意移动。模型创建完成后，将鼠标指针放置于模型以外，拖曳鼠标即可任意移动模型，如图1-16所示。

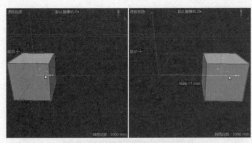

图 1-15

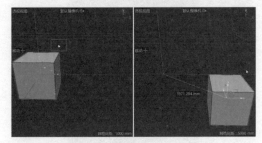

图 1-16

1.2.3 旋转

（1）单击"旋转"工具 🔘，沿单一轴旋转。此时可在该轴向上旋转，如图1-17所示。

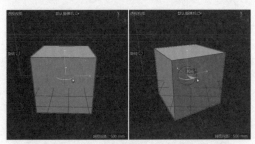

图 1-17

（2）沿单一轴，按每5°旋转。在旋转过程中，按下Shift键，此时则会沿每5°旋转，旋转更准确，如图1-18所示。

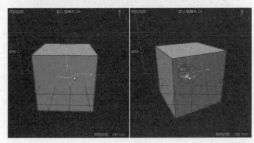

图 1-18

（3）任意旋转。将鼠标指针放置于模型上（不放在任何轴上），拖曳鼠标即可任意旋转，如图1-19所示。

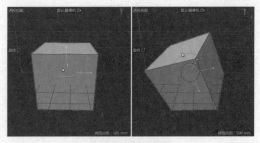

图 1-19

1.2.4 缩放

（1）单击"缩放"工具 🔘，将鼠标指针放置于模型坐标轴外面的图标上，拖曳鼠标即可仅在该轴上缩放，如图1-20所示。

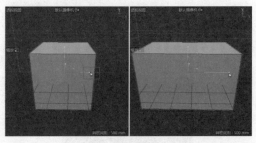

图 1-20

（2）均匀缩放。将鼠标指针放置于模型外面（不放在任何轴上），拖曳鼠标即可沿X、Y、Z三个轴向均匀缩放该模型，如图1-21所示。

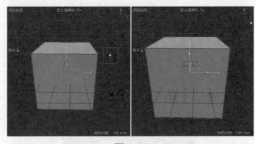

图 1-21

1.2.5 复制

（1）使用"移动"工具 ➕，将鼠标指针放置于某一轴向上，按下Ctrl键的同时拖曳鼠标即可仅在该轴上复制该模型，如图1-22所示。

（2）旋转复制。使用"旋转"工具 🔘，将鼠标指针放置于某一轴向上，按下Ctrl键的同时拖曳鼠标，然后按下Shift键，即可仅在该轴上准确旋转复制该模型，如图1-23所示。

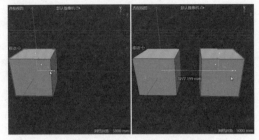

图 1-22

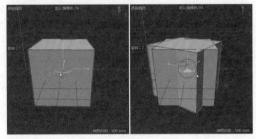

图 1-23

1.2.6 视图操作

切换四视图。按下鼠标滚轮，即可在四视图和单个视图之间进行切换，如图1-24所示。

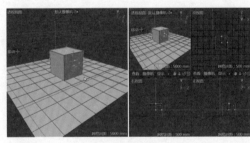

图 1-24

视图平移。按下Alt键的同时按下鼠标滚轮并拖曳，即可对视图进行平移，如图1-25所示。

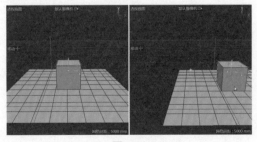

图 1-25

视图旋转。按下Alt键的同时按住鼠标左键拖曳，即可对视图进行旋转，如图1-26所示。

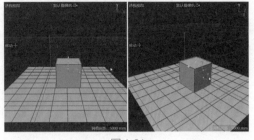

图 1-26

视图缩放。滑动鼠标中轮，即可对视图进行缩放，如图1-27所示。

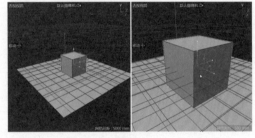

图 1-27

1.3 课后习题

一、选择题

1. 在Cinema 4D中，用于选择不同对象的工具是（　　　）。
   A. 移动工具　　B. 旋转工具
   C. 缩放工具　　D. 选择工具

2. 在Cinema 4D中，用于改变对象位置的工具是（　　　）。
   A. 移动工具　　B. 旋转工具
   C. 缩放工具　　D. 倾斜工具

二、填空题

1. 默认Cinema 4D中的3D视图窗口有几种视图模式，它们分别是_____、_____、_____、_____。

2. 在Cinema 4D中，选择工具包括两种主要的选择模式，它们分别是_____和_____。

三、判断题

1. 选择模型并按下Shift键可以进行复制。 （　　）
2. "Attributes l 层"窗口用于设置对象属性的基本参数。
（　　）

课后实战

● 将立方体放在平面上

作业要求：应用本章所学的基础知识，创建一个立方体和一个平面，并将立方体放置于平面上，同时对立方体进行旋转、缩放、移动、复制等操作。

第2章

参数对象建模

参数对象建模是 Cinema 4D 中最基本的建模方式，可以通过创建软件中预置的网格参数对象、样条参数对象等快速创建模型或图形，并可以通过修改其参数调整对象效果。

本章要点

⭐ 知识要点

❖ 网格参数对象

❖ 样条参数对象

❖ 样条工具

❖ 转为可编辑对象

2.1 网格参数对象

使用网格参数对象可以快速创建和修改三维模型，如文本、立方体、圆柱体、平面等。

2.1.1 文本

"文本"工具用于快速创建三维文字效果，以及修改文字的字体、对齐等参数，如图2-1所示。

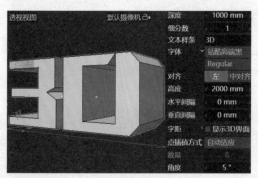

图 2-1

2.1.2 立方体

"立方体"工具用于创建长方体或立方体效果。

（1）在菜单栏中执行"创建"|"参数对象"|"立方体"命令，创建立方体，效果如图2-2所示。

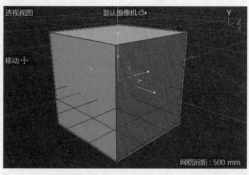

图 2-2

（2）进入"对象"|"场次"面板，设置合适的"尺寸X、尺寸Y、尺寸Z"和合适的"分段X、分段Y、分段Z"，如图2-3所示。

（3）修改圆角效果。勾选"圆角"复选框，并设置合适的"圆角半径"和"圆角细

分"的参数，使得立方体边缘更圆滑，如图2-4所示。

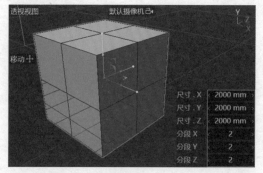

图 2-3

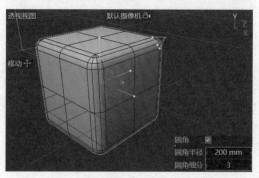

图 2-4

- 尺寸：立方体的长度、高度和宽度。
- 分段：X | Y | Z轴的分段数量。
- 圆角：勾选该复选框，立方体四周会有圆角过渡。
- 圆角半径：圆角的半径数值。
- 圆角细分：圆角的分段。数值越大，圆角越光滑。

2.1.3 圆柱体

"圆柱体"工具用于快速创建具有一定高度和半径数值的圆柱模型。

（1）在菜单栏中执行"创建"|"参数对象"|"圆柱体"命令，创建圆柱体。进入"对象"|"属性"操作面板，参数如图2-5所示。

（2）设置切片。勾选"切片"复选框可使圆柱体呈现二分之一的状态，如图2-6所示。

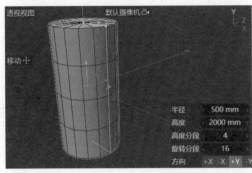

图 2-5

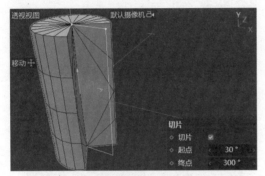

图 2-6

- 半径：圆柱体的半径大小。
- 高度：圆柱体的整体高度。
- 切片：勾选该复选框设置部分模型的效果。

2.1.4 平面

"平面"模型可以创建具有一定分段的、不具有厚度的面，常用来作为场景的地面使用。在菜单栏中执行"创建"｜"参数对象"｜"平面"命令，创建平面，然后设置合适的参数，如图2-7所示。

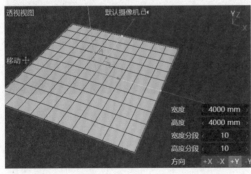

图 2-7

2.1.5 圆盘

"圆盘"用于创建中间空心的圆盘模型。其参数主要包括"内部半径""外部半径""圆盘分段""旋转分段""切片"等。

在菜单栏中执行"创建"｜"参数对象"｜"圆盘"命令，创建圆盘，如图2-8所示。

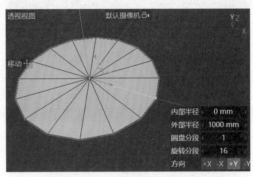

图 2-8

- 内部半径：圆盘模型内侧半径大小。
- 旋转分段：垂直于圆盘分段的数量。
- 方向：轴向。

2.1.6 多边形

"多边形"用于创建多边形模型。其参数主要包括"宽度""高度""分段""三角形"。在菜单栏中执行"创建"｜"参数对象"｜"多边形"命令，创建多边形，如图2-9所示。

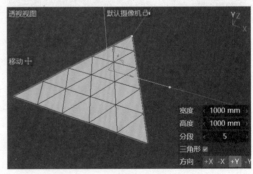

图 2-9

2.1.7 球体

"球体"用于创建不同半径、分段的球，如图2-10所示。

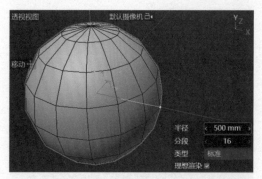

图 2-10

- 类型：球体的类型，包括标准体、四面体、六面体、八面体、二十面体、半球体。

2.1.8 胶囊

"胶囊"用于创建胶囊状模型。其参数主要包括"半径""高度""分段"等。

在菜单栏中执行"创建"|"参数对象"|"胶囊"命令，创建胶囊，如图2-11所示。

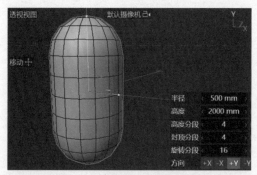

图 2-11

- 封顶分段：胶囊的封顶分段数量。

2.1.9 圆锥体

"圆锥体"用于创建尖锐或不尖锐的圆柱形模型。在菜单栏中执行"创建"|"参数对象"|"圆锥体"命令，创建圆锥体，如图2-12所示。

- 顶部半径：圆锥体顶部的半径大小。数值为0时，顶部为尖锐状态；数值越大，顶部半径就越大。

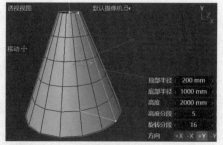

图 2-12

2.1.10 人形素体

"人形素体"可以在创建人偶时当作骨架来制作模型。在菜单栏中执行"创建"|"参数对象"|"人形素体"命令，创建人形素体，效果如图2-13所示。

图 2-13

2.1.11 地形

"地形"用于创建复杂的山地形态。在菜单栏中执行"创建"|"参数对象"|"地形"命令，创建地形，效果如图2-14所示。

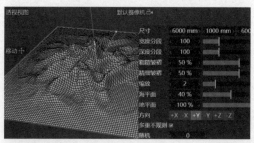

图 2-14

2.1.12 油桶

"油桶"用于创建类似于油桶、油罐的模型形态。在菜单栏中执行"创建"|"参数对象"|"油桶"命令，创建油桶，效果如图2-15所示。

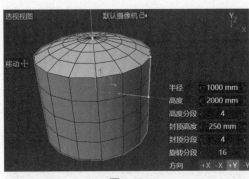

图 2-15

2.1.13 金字塔

"金字塔"主要是由"尺寸"与"分段"参数决定的锥形。在菜单栏中执行"创建"｜"参数对象"｜"金字塔"命令，创建金字塔，效果如图2-16所示。

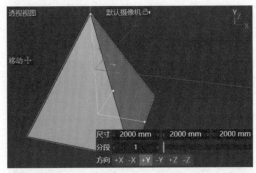

图 2-16

2.1.14 宝石体

"宝石体"用于创建宝石形态的模型。在菜单栏中执行"创建"｜"参数对象"｜"宝石体"命令，创建宝石体，效果如图2-17所示。

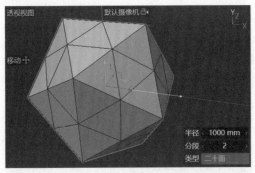

图 2-17

- 类型：宝石体的类型，包括四面体、六面体、八面体、十二面体、二十面体、碳原子。

2.1.15 管道

"管道"主要是由"内部半径""外部半径""分段"参数决定的模型，常用来创建各种管道模型。

在菜单栏中执行"创建"｜"参数对象"｜"管道"命令，创建管道，效果如图2-18所示。

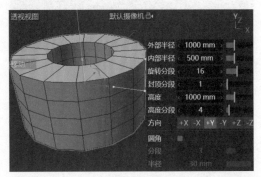

图 2-18

2.1.16 圆环面

"圆环面"通过设置"圆环半径""导管半径"数值制作中空的导管效果。在菜单栏中执行"创建"｜"参数对象"｜"圆环"命令，创建圆环，效果如图2-19所示。

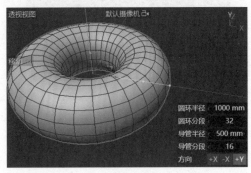

图 2-19

2.1.17 贝塞尔

"贝塞尔"主要是由"水平细分""垂直细分""水平网点""垂直网点"参数决定的模型，一般用于创建封闭的两面体，如枕头、坐垫等。在菜单栏中执行"创建"｜"参数对象"｜"贝塞尔"命令，效果如图2-20所示。

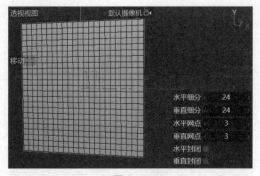

图 2-20

2.1.18 空白多边形

"空白多边形"虽然是参数化的对象，但是创建后只有一个原点和坐标轴，其主要是作为辅助的空对象使用，也可以作为创建多边形填充的基础使用。

2.1.19 空白

"空白"对象主要是作为父级使用。将多个对象拖曳至"空白"中，即可完成父子级别设置，方便用户选择和管理多个对象，如图2-21所示。

图 2-21

2.2 样条参数对象

使用样条参数对象可以创建二维的图形样条，包括文本、弧线、圆环、四边等。

2.2.1 文本样条

使用"文本样条"工具在视图中单击即可创建二维文字图形，并且可以修改文字的内容、字体、对齐、间隔等。

在菜单栏中执行"创建"｜"样条参数对象"｜"文本样条"命令，创建文本样条，效果如图2-22所示。

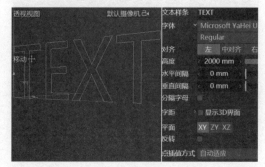

图 2-22

2.2.2 弧线

"弧线"工具用于创建完整的圆或一部分圆弧效果。

（1）创建样条。在菜单栏中执行"创建"｜"样条参数对象"｜"弧线"命令，创建圆弧，效果如图2-23所示。

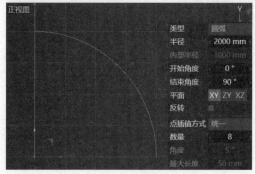

图 2-23

（2）弧线具有四种类型，分别为"圆弧""扇区""分段""环状"，效果如图2-24所示。

图 2-24

- 半径：弧线的半径大小。
- 内部半径：只对环状类型产生效果。
- 开始角度与结束角度：起始点与结束点角度。
- 平面：样条方向，分别为XY、ZY、XZ。
- 数量：样条中点的数量。数值越大，样条越平滑。

2.2.3 圆环

"圆环"工具用于创建封闭的圆形、椭圆图形。

（1）创建样条。在菜单栏中执行"创建"｜"样条参数对象"｜"圆环"命令，创建圆环，设置其"半径"为1500mm，如图2-25所示。

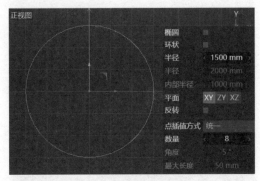

图 2-25

（2）设置椭圆。勾选"椭圆"复选框后面板中的两个半径分别为椭圆的横向半径与竖向半径，效果如图2-26所示。

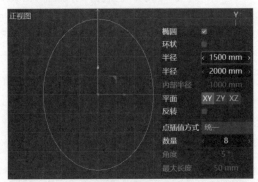

图 2-26

2.2.4 螺旋

"螺旋"工具用于创建处于同一高度或不同高度的螺旋线。在菜单栏中执行"创建"｜"样条参数对象"｜"螺旋"命令，创建螺旋，效果如图2-27所示。

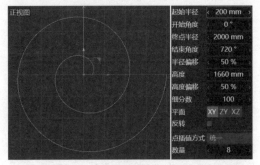

图 2-27

- 起始半径：起始点与坐标轴的距离。
- 开始角度：起始点的第一个螺旋轴的夹角。
- 终点半径：结束点与坐标轴的距离。
- 半径偏移：螺旋线段的角度大小。数值越小，越靠近坐标轴。
- 高度：螺旋线的高度。
- 高度偏移：螺旋线的高度大小。数值越小，越靠近坐标轴。

2.2.5 多边

"多边"工具用于创建不同边个数的多边形，如三角形、六角形。在菜单栏中执行"创建"｜"样条参数对象"｜"多边"命令，创建多边形，效果如图2-28所示。

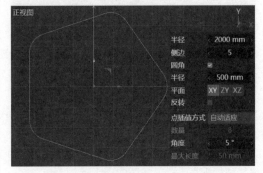

图 2-28

- 侧边：多边形样条的边数。边数越大，多边形样条越平滑。
- 圆角：勾选该复选框，则多边形的角转变为圆角。

2.2.6 矩形

"矩形"工具用于创建正方形、长方形，以及设置圆角效果。在菜单栏中执行"创建"｜"样条参数对象"｜"矩形"命令，创建矩形，效果如图2-29所示。

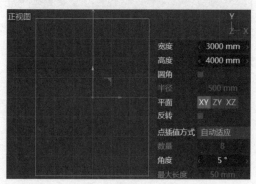

图 2-29

2.2.7 四边

"四边"工具用于创建由四条边构成的几种图形形态。在菜单栏中执行"创建"｜"样条参数对象"｜"四边"命令，创建四边形，效果如图2-30所示。

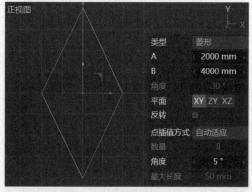

图 2-30

四边包括"菱形""风筝""平行四边形""梯形"，效果如图2-31所示。

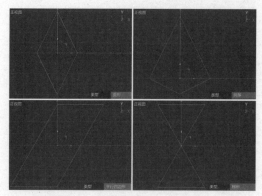

图 2-31

2.2.8 蔓叶线

"蔓叶线"工具用于创建类似树叶的形态。在菜单栏中执行"创建"｜"样条参数对象"｜"蔓叶线"命令，创建蔓叶线，效果如图2-32所示。

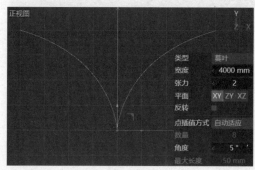

图 2-32

2.2.9 齿轮

"齿轮"工具用于创建齿轮图形。在菜单栏中执行"创建"｜"样条参数对象"｜"齿轮"命令，创建齿轮图形，效果如图2-33所示。

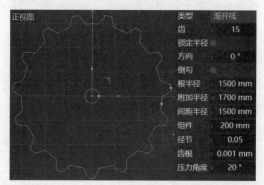

图 2-33

2.2.10 摆线

"摆线"样条可以创建摆线形态。在菜单栏中执行"创建"|"样条参数对象"|"摆线"命令,创建摆线,效果如图2-34所示。

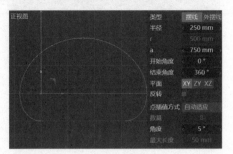

图 2-34

2.2.11 花瓣形

"花瓣形"工具用于创建不同花瓣个数的样条。在菜单栏中执行"创建"|"样条参数对象"|"花瓣形"命令,创建花瓣形,效果如图2-35所示。

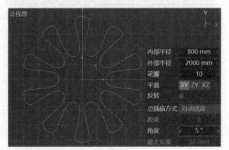

图 2-35

2.2.12 轮廓

"轮廓"工具用于创建特定的形状。在菜单栏中执行"创建"|"样条参数对象"|"轮廓"命令,创建轮廓,效果如图2-36所示。

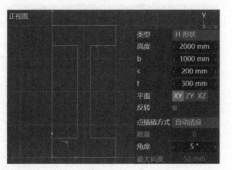

图 2-36

• 类型:包括"H形状""L形状""T形状""U形状""Z形状"。

2.2.13 星形

使用"星形"工具可以创建星形图形。在菜单栏中执行"创建"|"样条参数对象"|"星形"命令,创建星形,效果如图2-37所示。

图 2-37

2.2.14 公式

"公式"工具可通过输入数学公式绘制图形,效果如图2-38所示。

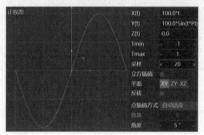

图 2-38

2.2.15 空白样条

"空白样条"对象主要是作为父级使用。将多个样条对象拖曳至"空白样条"中,即可完成父子级别设置,方便用户选择和管理多个样条对象。

2.3 样条工具

除了创建基本的样条图形,在Cinema 4D中还可以手动绘制样条,更加灵活。长按界面左侧的"样条画面"按钮,即可出现四个工具,如图2-39所示。

图 2-39

2.3.1 样条画笔

"样条画笔"工具 🖋 类似于钢笔,可以绘制图形。需要单击确定第一个点,移动鼠标位置,再次单击确定第二个点。移动鼠标位置,再次单击确定第三个点,如图2-40所示。

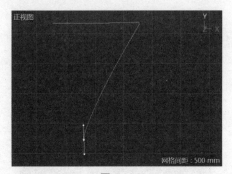

图 2-40

2.3.2 草绘

"草绘"工具 🖋 类似于手绘画笔,可以快速绘制出所需的图形。使用该工具按住鼠标左键拖曳即可绘制,如图2-41所示。

图 2-41

2.3.3 样条弧线

"样条弧线"工具 🖉 可以绘制出由一个个弧形形态连接的样条效果。按住鼠标左键

拖曳,松开鼠标左键并移动鼠标位置,即可确定弧线的半径,继续按住鼠标左键拖曳即可确定下个弧线的半径,如图2-42所示。

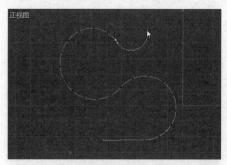

图 2-42

2.3.4 平滑样条

使用"平滑样条"工具 🖘 在已经绘制好的样条上拖曳绘制,即可使样条变得光滑,如图2-43所示。

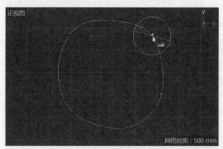

图 2-43

2.4 转为可编辑对象

在样条参数对象创建完成之后,仅可以对半径、宽度、高度等基本参数进行设置。选中样条,单击"转为可编辑对象"按钮 🖉,如图2-44所示。

图 2-44

Cinema 4D R25 三维建模设计案例教程(全彩慕课版)

此时既可单独激活"点"级别进行调整，也可以激活"模型"级别选中整个样条，如图2-45所示。

图 2-45

比如移动点的位置，使样条形态发生改变，如图2-46所示。

图 2-46

除了以上的简单操作，还可以选择点并单击鼠标右键，此时会看到有很多工具，这些工具可以让样条变得更精细、更有趣，如图2-47所示。

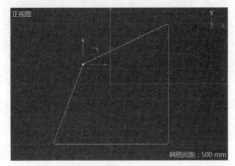

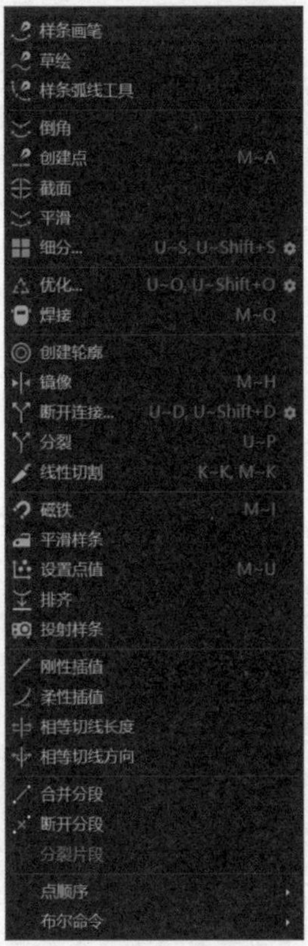

图 2-47

- 倒角：选中点，单击鼠标右键选择"倒角"工具，然后按住鼠标左键拖曳即可产生倒角效果。
- 创建点：选中"点"级别，单击鼠标右键，使用"创建点"工具，然后单击鼠标左键即可添加点。
- 焊接：选中两个未闭合的点，单击鼠标右键执行"焊接"命令，然后单击鼠标左键完成焊接操作。
- 镜像：可以对选中的点进行镜像处理。选中点，单击鼠标右键选择"镜像"工具，然后按住鼠标左键拖曳，此时会出现一条竖线，释放鼠标左键即可完成镜像操作。
- 创建轮廓：选择"点"级别，单击鼠标右键选择"创建轮廓"工具，然后按住鼠标左键拖曳样条线即可产生轮廓效果。
- 断开连接：可以将一个点断开变成两个点。使用"移动"工具单击一个顶点，单击鼠标右键执行"断开连接"命令，即可将一个点变为两个点；再次使用"移动"工具单击顶点，并将其移动，即可看到已经成功将一个点断开为两个点。
- 磁铁：选中点，使用"磁铁"即可出现圆形的范围，将鼠标指针移到顶点附近即可将其移动。
- 刚性差值：选择"刚性差值"则可使当前选择的点变为更尖锐的形态。
- 柔性差值：选择"柔性差值"则可使当前选择的点变为更圆滑的形态。
- 断开分段：可以将分段断开。

除了选中样条，单击"转为可编辑对象"按钮进行转换以外，还可以在"对象"｜"场次"中执行"对象"，选择相应的工具，如图2-48所示。

图 2-48

2.5 实操: 创意书架

文件路径: 资源包\案例文件\第2章
参数对象建模\实操: 创意书架

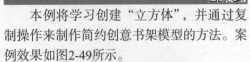

本例将学习创建"立方体",并通过复制操作来制作简约创意书架模型的方法。案例效果如图2-49所示。

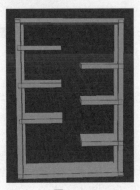

图 2-49

2.5.1 项目诉求

本案例需要制作一个家具模型项目,要求模型简约。

2.5.2 设计思路

创建一个立方体,并修改参数,通过移动位置、复制等操作制作出完整的书架模型。

2.5.3 项目实战

(1)执行"创建"|"网格参数对象"|"立方体"命令,在视图中创建一个立方体。接着在右侧的属性面板中选择"对

象",设置"对象属性"选项区域中"尺寸.X"为500mm、"尺寸.Y"为50mm、"尺寸.Z"为1250mm、"分段X"为1、"分段Y"为1、"分段Z"为1,如图2-50所示。

图 2-50

(2)单击左侧工具栏中的"移动"按钮,选中刚才制作的长方形模型,在按住Ctrl键的同时向上拖曳Y坐标轴,接着在刚才创建的长方形上方复制一个长方形,并在合适的位置松开鼠标左键,如图2-51所示。

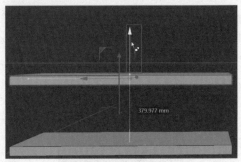

图 2-51

(3)选中刚才复制的长方形,接着在右侧的属性面板中选择"对象",设置"对象属性"选项区域中"尺寸.X"为500mm、"尺寸.Y"为50mm、"尺寸.Z"为500mm、"分段X"为1、"分段Y"为1、"分段Z"为1,如图2-52所示。

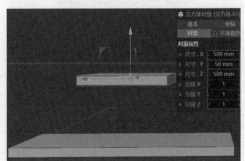

图 2-52

（4）在视图窗口的左上方选择"摄像机"菜单栏，在下拉面板中选择"顶视图"选项，单击左侧工具栏中的"移动"工具按钮╬，按住鼠标左键拖曳Z坐标轴，使刚才修改的长方形与最初的长方形上方对齐，如图2-53所示。

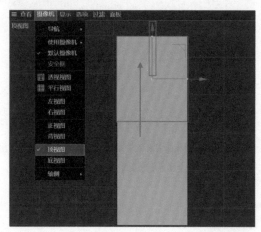

图2-53

（5）在视图窗口的左上方选择"摄像机"菜单栏，在下拉面板中选择"透视视图"选项，单击左侧工具栏中的"移动"工具按钮╬，接着选中刚才制作的长方形模型，在按住Ctrl键的同时向右拖曳Z坐标轴进行复制，如图2-54所示。

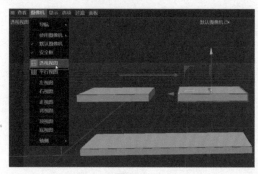

图2-54

（6）在视图窗口的左上方选择"摄像机"菜单栏，在下拉面板中选择"顶视图"选项，单击左侧工具栏中的"移动"工具按钮╬，按住鼠标左键拖曳Z坐标轴，使刚才修改的长方形与最初的长方形下方对齐，如图2-55所示。

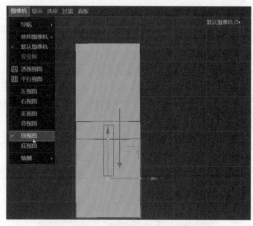

图2-55

（7）在视图窗口的左上方选择"摄像机"菜单栏，在下拉面板中选择"透视视图"选项，继续使用"移动"工具╬，按住鼠标左键向上拖曳Y坐标轴，在合适的位置松开鼠标左键，如图2-56所示。

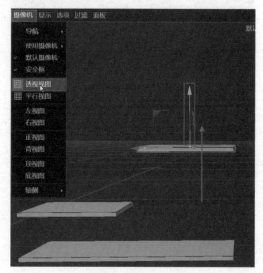

图2-56

（8）使用相同的方法制作出六个长方体，并分别放置在合适的位置，如图2-57所示。

（9）执行"创建"｜"网格参数对象"｜"立方体"命令，在视图中创建一个立方体。在右侧的属性面板中选择"对象"，设置"对象属性"选项区域中"尺寸.X"为"60mm"、"尺寸.Y"为"1750mm"、"尺寸.Z"为"60mm"、"分段X"为"1"、"分段Y"为"1"、"分段

Z"为"1"，并分别摆放至合适的位置，如图2-58所示。

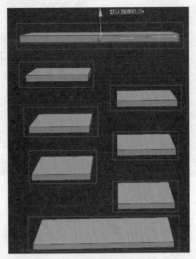

图 2-57

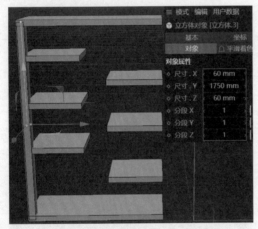

图 2-58

（10）以相同的方法制作出同样的四根支柱。本案例制作完成，效果如图2-59所示。

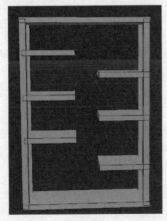

图 2-59

2.6 实操：卡通风景

文件路径：资源包\案例文件\第2章 参数对象建模\实操：卡通风景

本案例将学习用圆锥体、圆柱体、金字塔、球体模型制作卡通风景模型的方法。案例效果如图2-60所示。

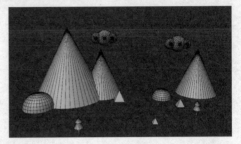

图 2-60

2.6.1 项目诉求

本案例需要制作一个可自由组合场景的电商项目，要求模型体现电商的常用元素，如扇子、礼物盒等。

2.6.2 设计思路

创建圆盘模型，并将其转化为可编辑对象，然后对边进行移动，删除部分面，制作出扇子。

2.6.3 项目实战

（1）制作卡通小山模型。执行"创建"|"网格参数对象"|"圆锥体"命令，在视图中创建一个圆锥体。接着在右侧的属性面板中选择"对象"，设置"顶部半径"为"0mm"、"底部半径"为"1000mm"、"高度"为"2000mm"、"高度分段"为"1"、"旋转分段"为"50"、"方向"为"+Y"，如图2-61所示。

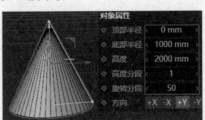

图 2-61

（2）使用相同的方法制作出两个大小不同的圆锥体，并放在合适的位置，如图2-62所示。

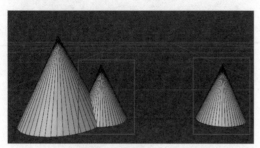

图2-62

（3）制作卡通小树模型。执行"创建"｜"网格参数对象"｜"圆柱体"命令，在视图中创建一个圆柱体。接着在右侧的属性面板中选择"对象"，设置"半径"为"41mm"、"高度"为"137mm"、"高度分段"为"4"、"旋转分段"为"16"、"方向"为"+Y"，如图2-63所示。

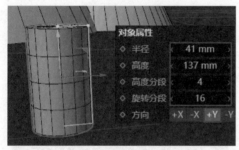

图2-63

（4）执行"创建"｜"网格参数对象"｜"圆锥体"命令，在视图中创建一个圆锥体。接着在右侧的属性面板中选择"对象"，设置"对象属性"选项区域中"顶部半径"为"27mm"、"底部半径"为"94mm"、"高度"为"130mm"、"高度分段"为"1"、"旋转分段"为"16"、"方向"为"+Y"，并将其放置在刚才创建的圆柱体上方，如图2-64所示。

（5）执行"创建"｜"网格参数对象"｜"圆锥体"命令，在视图中创建一个圆锥体。接着在右侧的属性面板中选择"对象"，设置"对象属性"选项区域中"顶部半径"为"0mm"、"底部半径"为"71mm"、"高度"为"113mm"、"高度分

段"为"1"、"旋转分段"为"16"、"方向"为"+Y"，并将其放置在刚才创建的圆锥体上方，如图2-65所示。

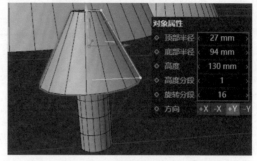

图2-64

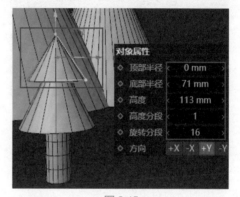

图2-65

（6）使用相同的方法制作出相同的卡通小树，调整大小并将其放在合适的位置，如图2-66所示。

图2-66

（7）制作矮小的小山模型。执行"创建"｜"网格参数对象"｜"金字塔"命令，在视图中创建一个棱锥体。接着在右侧的属性面板中选择"对象"，设置"对象属性"选项区域中"尺寸"为"295mm""295mm""295mm"、"分段"为"1"、"方向"为"+Y"，并将其放置在刚才创建的大山体旁边，如图2-67所示。

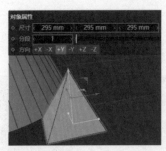

图 2-67

（8）使用相同的方法制作出两个四棱锥，调整大小并将其放在合适的位置，如图2-68所示。

图 2-68

（9）制作圆球山体模型。执行"创建"|"网格参数对象"|"球体"命令，在视图中创建一个球体。接着在右侧的属性面板中选择"对象"，设置"对象属性"选项区域中"半径"为"400mm"、"分段"为"30"、"类型"为"半球体"，并将其放置在整个场景的左上方，如图2-69所示。

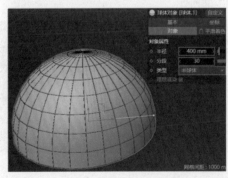

图 2-69

（10）使用相同的方法制作出几个不同的小山体模型，调整大小并将其放置在合适的位置，如图2-70所示。

（11）制作云朵模型。使用相同的方法再制作出四个半球体，调整大小并将其摆放在合适的位置，如图2-71所示。

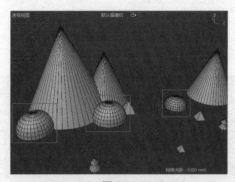

图 2-70

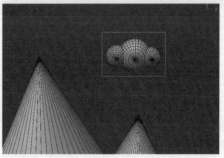

图 2-71

（12）使用相同的方法再制作出两组云朵，调整大小并将其放置在合适的位置，如图2-72所示。

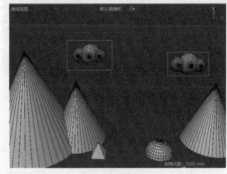

图 2-72

（13）本案例制作完成，效果如图2-73所示。

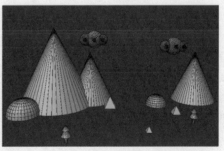

图 2-73

Cinema 4D R25 三维建模设计案例教程（全彩慕课版）

2.7 实操：线条字母

文件路径：资源包\案例文件\第2章
参数对象建模\实操：线条字母

本案例将学习使用"文本"创建创意字体，并使用"扫描"工具制作文字立体模型的方法。案例效果如图2-74所示。

图 2-74

2.7.1 项目诉求

本案例需要制作一个游戏宣传项目中的三维部分，要求体现"GAME"字样，并简洁、明了。

2.7.2 设计思路

以"线条"为设计思路，将"GAME"呈现为立体线条模型，并为每个字母中的部分横或竖的笔顺结构添加加粗线条，强调核心，体现游戏世界的结构与多样性。

2.7.3 项目实战

（1）执行"创建"｜"样条参数对象"｜"文本样条"命令，在视图中创建一个文本。接着在右侧的属性面板中选择"对象"，设置"文本样条"为GAME，并设置一款合适的"字体"，如图2-75所示。

图 2-75

（2）执行"创建"｜"样条参数对象"｜"圆环"命令，在视图中创建一个圆环。接着在右侧的属性面板中选择"对象"，设置"对象属性"选项区域中"半径"为"40mm"、"平面"为"XY"，如图2-76所示。

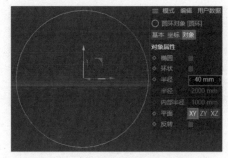

图 2-76

（3）执行"创建"｜"生成器"｜"扫描"命令，在进入"对象"｜"属性"面板后，按住鼠标左键并拖曳"圆环"至"扫描"上，接着拖曳"文本"至"扫描"上，出现↓图标时松开鼠标左键，效果如图2-77所示。

图 2-77

（4）执行"创建"｜"网格参数对象"｜"圆柱体"命令，在视图中创建一个圆柱体模型。接着在右侧的属性面板中选择"对象"，设置"对象属性"选项区域中"半径"为"50mm"、"高度"为"400mm"、"高度分段"为"1"、"旋转分段"为"50"、"方向"为"-X"，并将其放置在合适的位置，如图2-78所示。

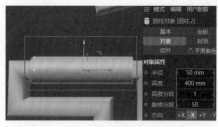

图 2-78

（5）使用相同的方法创建圆柱体模型，使用"旋转"工具 旋转到合适角度并放置在合适的位置。本案例制作完成，效果如图2-79所示。

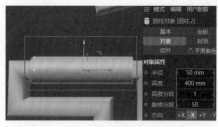

图 2-79

2.8 扩展练习：简约矮柜

文件路径：资源包\案例文件\第2章
参数对象建模\扩展练习：简约矮柜

本案例将学习使用"立方体""圆柱体"创建柜子的各部分模型效果，并使用按住Ctrl键的同时拖曳鼠标的方法复制模型。案例效果如图2-80所示。

图 2-80

2.8.1 项目诉求

本案例需要制作一个室内设计中的家具模型，要求模型为现代简约风格，简洁、实用。

2.8.2 设计思路

以现代简约风格为设计主线，设计了一个六抽屉矮柜，每个抽屉高度各异以适应袜子、内衣、服装、首饰不同物品的收纳。小圆柱拉手加强了模型的实用性，同时也保持了模型整体的简洁、美感。

2.8.3 项目实战

（1）在菜单栏中执行"创建"｜"对象"｜"立方体"命令，设置"对象属性"选项区域中"尺寸.X"为"860mm"、"尺

寸.Y"为"280mm"、"尺寸.Z"为"454mm"，如图2-81所示。

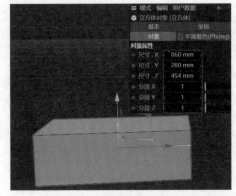

图 2-81

（2）单击左侧工具栏中的"移动"按钮，选中刚才制作的长方形模型，在按住Ctrl键的同时向上拖曳Y坐标轴，在刚才创建的长方形上方复制一个长方形，并在合适的位置松开鼠标左键，如图2-82所示。

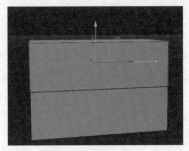

图 2-82

（3）使用相同的方法复制一个长方体，如图2-83所示。

图 2-83

（4）在菜单栏中执行"创建"｜"对象"｜"立方体"命令，设置"对象属性"选项区域中"尺寸.X"为"860mm"、"尺寸.Y"为"120mm"、"尺寸.Z"为"454mm"，并将其放置在刚才创建的长方体上方，如图2-84所示。

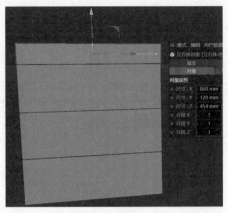

图 2-84

（5）单击左侧工具栏中的"移动"按钮➕，选中刚才制作的长方形模型，在按住Ctrl键的同时向上拖曳*Y*坐标轴，在刚才创建的长方形上方复制一个长方形，并在合适的位置松开鼠标左键，如图2-85所示。

图 2-85

（6）在菜单栏中执行"创建"｜"对象"｜"立方体"命令，设置"对象属性"选项区域中"尺寸.X"为"860mm"、"尺寸.Y"为"70mm"，"尺寸.Z"为"454mm"。将其放置在刚才创建的长方体上方，如图2-86所示。

（7）在菜单栏中执行"创建"｜"对象"｜"圆柱体"命令，选择"对象"，设置"对象属性"选项区域中"半径"为"24mm"、"高度"为"68mm"、"高度分段"为"4"、"旋转分段"为"16"、"方向"为"+Z"，并将其放置在刚才创建的长方体上方，如图2-87所示。

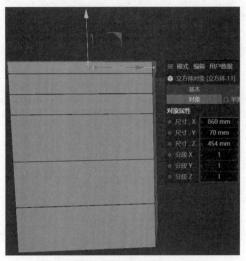

图 2-86

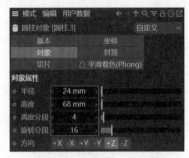

图 2-87

（8）使用相同的方法再制作出几个圆柱体，并将其放置在相应的位置，如图2-88所示。

图 2-88

（9）在菜单栏中执行"创建"｜"对象"｜"圆柱体"命令，选择"对象"，设置"对象属性"选项区域中"半径"为"30mm"、"高度"为"200mm"、"高度分段"为"1"、"旋转分段"为"16"、"方向"为"+Y"，并将其放置在刚才创建的长方体上方，如图2-89所示。

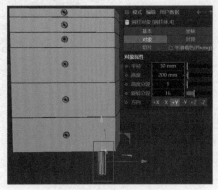

图2-89

（10）使用相同的方法再制作出相同的三个圆柱体。本案例制作完成，效果如图2-90所示。

图2-90

2.9 课后习题

一、选择题

1. 在Cinema 4D中，以下哪个参数不是网格参数对象的属性？（　　）
   A. 尺寸　　　　B. 半径
   C. 色彩　　　　D. 分段

2. 在Cinema 4D中，哪种工具可以将绘制好的样条变得光滑？（　　）

   A. 平滑样条　　B. 草绘
   C. 样条弧线工具　D. 创建点

3. 在Cinema 4D中，以下哪种类型的对象不能转为可编辑对象？（　　）
   A. 网格参数对象
   B. 样条对象
   C. 光源对象
   D. 添加过"变形器"的模型对象

二、填空题

1. 在Cinema 4D中，网格参数对象的主要作用是_____。

2. 在Cinema 4D中，将某种样条"转为可编辑对象"后，可以使用_____两种级别进行选择。

三、判断题

1. 将样条"转为可编辑对象"后，要想选中点，需要激活 ⊙（点），然后进行选择。（　　）

2. 在Cinema 4D中，只有参数对象可以被转为可编辑对象。
   （　　）

🖱 课后实战

● 创建积木玩具

作业要求：应用"网格参数对象""样条参数对象""样条工具""转为可编辑对象"中的一种或多种工具创建一组"积木玩具"，样式不限。

第3章

生成器建模和
变形器建模

本章要点

与"参数对象建模"相比，"生成器建模"和"变形器建模"是 Cinema 4D 中更复杂的建模方式，可以通过二维图形、三维模型生成所需模型的效果，也可以使得三维模型产生外观形态的复杂变化。

📷 知识要点

❖ 生成器建模
❖ 变形器建模

3.1 生成器建模

生成器建模可以应用于模型，并生成很多有趣的模型效果。

3.1.1 细分曲面

"细分曲面"可以使模型网格更多、更细致。

进入"对象"｜"场次"面板，按住鼠标左键并拖曳"立方体"至"细分曲面"上，出现↓图标时松开鼠标左键，如图3-1和图3-2所示。

图 3-1

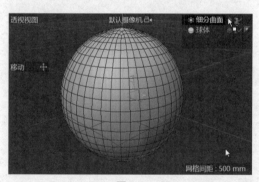

图 3-2

- 编辑器细分：视图中所看到的细分程度，数值越大越细腻。
- 渲染器细分：渲染出所看到的细分程度，数值越大越细腻。

3.1.2 布料曲面

"布料曲面"可以使模型产生厚度效果。

进入"对象"｜"场次"面板，按住鼠标左键并拖曳"平面"至"布料曲面"上，出现↓图标时松开鼠标左键，平面便产生了厚度，如图3-3所示。

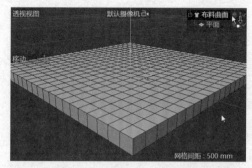

图 3-3

3.1.3 挤压

"挤压"可以使二维样条产生厚度，从而产生三维效果。

在菜单栏中执行"创建"｜"样条参数对象"｜"矩形"命令和"创建"｜"生成器"｜"挤压"命令，接着按住鼠标左键并拖曳"矩形"至"挤压"上，出现↓图标时松开鼠标左键，如图3-4和图3-5所示。

图 3-4

图 3-5

- 方向：挤压生长的方向。
- 偏移：挤压出的部分的大小。
- 细分数：厚度细分的段数。

Cinema 4D R25 三维建模设计案例教程（全彩慕课版）

3.1.4 旋转

"旋转"以绘制的样条作为剖面，以坐标轴为中心点空间旋转，从而产生三维模型。

（1）创建样条，如图3-6所示。

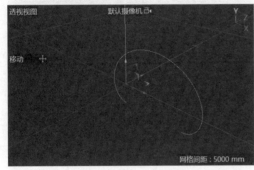

图 3-6

（2）创建生成器。在菜单栏中执行"创建"|"生成器"|"旋转"命令，按住鼠标左键并拖曳"样条"至"旋转"上，出现↓图标时松开鼠标左键，如图3-7所示。

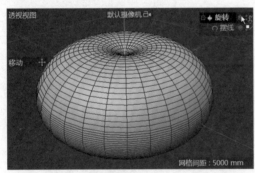

图 3-7

- 角度：样条所创建的角度。
- 移动：终点位移。
- 比例：终点缩放。

3.1.5 放样

"放样"可以通过多个不同高度的封闭样条产生三维效果。

（1）在顶视图中使用"样条画笔"工具绘制一段闭合路线。在菜单栏中执行"创建"|"生成器"|"放样"命令，如图3-8所示。

图 3-8

（2）按住鼠标左键并拖曳所有"样条"至"放样"上，出现↓图标时松开鼠标左键，如图3-9所示。

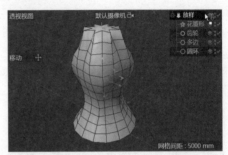

图 3-9

3.1.6 扫描

"扫描"可以通过两条样条作为剖面来创建对象。

（1）创建样条。在透视图中创建一个大"多边"、一个小"齿轮"。在菜单栏中执行"创建"|"生成器"|"扫描"命令，如图3-10所示。

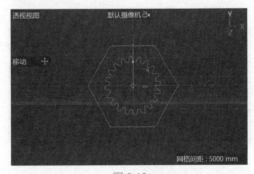

图 3-10

（2）按住鼠标左键并拖曳"齿轮"和"多边"至"扫描"上，出现↓图标时松开鼠标左键，如图3-11所示。

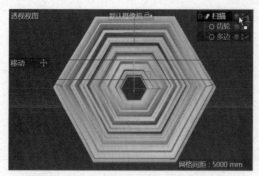

图 3-11

3.1.7 样条布尔

"样条布尔"可以对两个闭合的样条进行布尔运算。

（1）创建两个样条。在菜单栏中执行"创建"｜"生成器"｜"样条布尔"命令，并将两个样条拖曳至"样条布尔"上，出现↓图标时松开鼠标左键，如图3-12所示。

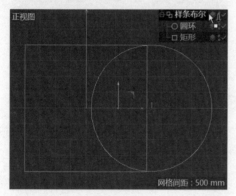

图 3-12

（2）设置"模式"为"合集""A减B"的对比效果，如图3-13所示。

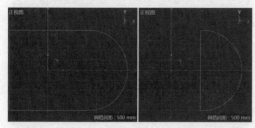

图 3-13

（3）设置"模式"为"B减A""与"的对比效果，如图3-14所示。

（4）设置"模式"为"或""交集"的对比效果，如图3-15所示。

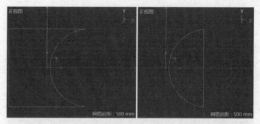

图 3-14

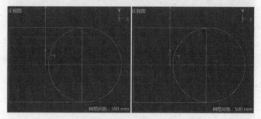

图 3-15

- 合集：两个样条相互交汇。
- A减B：第一次拖曳的对象减去第二次拖曳的对象。
- B减A：第二次拖曳的对象减去第一次拖曳的对象。
- 与：保留两个样条交汇的部分。

3.1.8 布尔

"布尔"命令可以对两个三维模型进行布尔运算。

（1）创建一个"立方体"和一个"圆柱体"。在菜单栏中执行"创建"｜"生成器"｜"布尔"命令，如图3-16所示。

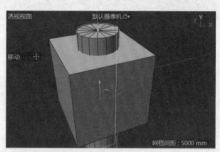

图 3-16

（2）选中"立方体"和"圆柱体"，按住鼠标左键并拖曳至"布尔"上，出现↓图标时松开鼠标左键，如图3-17所示。

（3）若更换"对象｜场次"中的位置，如将"圆柱体"拖曳至"立方体"上方，则会出现不同的布尔效果，如图3-18所示。

Cinema 4D R25 三维建模设计案例教程（全彩慕课版）

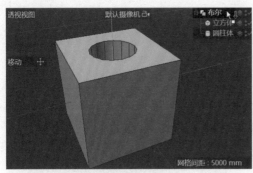

图 3-17

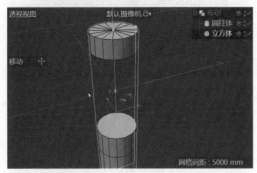

图 3-18

- A加B：两个对象相加。
- A减B：对象1减去对象2。
- AB交集：对象1与对象2的重合部分。
- AB补集：减去对象1与对象2的内部。

3.1.9 对称

"对称"可以制作模型的对称。创建"金字塔"。在菜单栏中执行"创建"｜"生成器"｜"对称"命令，按住鼠标左键并拖曳"金字塔"至"对称"上，出现↓图标时松开鼠标左键，并拖曳坐标轴使其对称，如图3-19和图3-20所示。

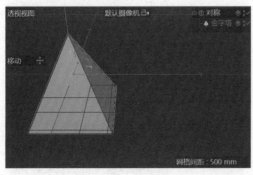

图 3-19

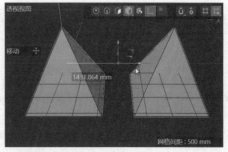

图 3-20

3.1.10 阵列

"阵列"可以快速完成规律的阵列复制效果。创建一个"宝石体"。在菜单栏中执行"创建"｜"生成器"｜"阵列"命令，按住鼠标左键并拖曳"球体"至"阵列"上，出现↓图标时松开鼠标左键，如图3-21所示。

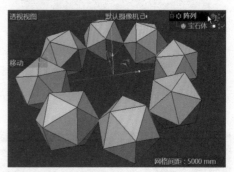

图 3-21

- 半径：阵列对象的半径。
- 副本：副本的数量。
- 振幅：阵列的幅度。数值越大，幅度越大。

3.2 变形器建模

变形器建模可以使模型产生变形效果，如弯曲、扭曲、融化等。模型的"分段"数量对模型的形态影响很大。

3.2.1 弯曲

"弯曲"可以使三维模型产生弯曲变形。
（1）创建一个"管道"。在菜单栏中执行"创建"｜"变形器"｜"弯曲"命令，按住鼠标左键并拖曳"弯曲"至"管道"上，如图3-22所示。

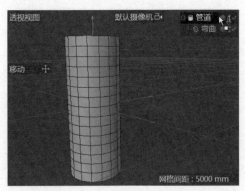

图 3-22

（2）设置合适的"强度"数值，使模型产生弯曲变形，如图3-23和图3-24所示。

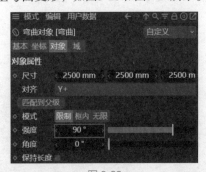

图 3-23

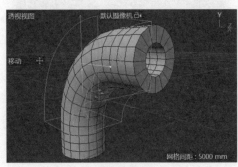

图 3-24

- 尺寸：弯曲框架的尺寸。
- 模式：弯曲的模式。
- 强度：弯曲的强度。
- 角度：以坐标轴为轴心进行旋转的角度。

3.2.2 膨胀

"膨胀"可以使模型产生膨胀或收缩效果。

创建一个"球体"，并设置合适的分段。在菜单栏中执行"创建"｜"变形器"｜

"膨胀"命令，按住鼠标左键并拖曳"膨胀"至"球体"上。在"对象属性"选项区域中设置合适的"强度"数值，数值为负向内压缩，数值为正向外膨胀，如图3-25和图3-26所示。

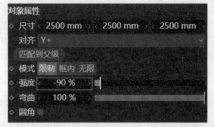

图 3-25

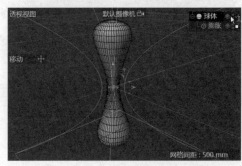

图 3-26

- 弯曲：数值越小，过渡越尖锐。
- 圆角：勾选该复选框，模型过渡会变得更丰富。

3.2.3 斜切

"斜切"可以使模型产生倾斜偏移效果。

创建"立方体"。在菜单栏中执行"创建"｜"变形器"｜"斜切"命令，按住鼠标左键并拖曳"斜切"至"立方体"上，最后数值选择"强度"即可，如图3-27所示。

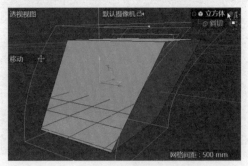

图 3-27

3.2.4 锥化

"锥化"可以使模型产生尖锐锥化的变形效果。创建"圆柱体"。在菜单栏中执行"创建"|"变形器"|"锥化"命令，接着按住鼠标左键并拖曳"锥化"至"圆柱体"上，最后数值选择"强度"即可，如图3-28所示。

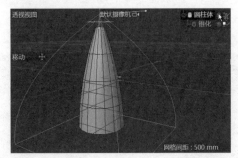

图 3-28

3.2.5 扭曲

"扭曲"可以使模型产生扭转的效果。

创建一个"立方体"，并设置合适的分段。在菜单栏中执行"创建"|"变形器"|"扭曲"命令，然后按住鼠标左键并拖曳"扭曲"至"立方体"上，最后单击"匹配到父级"，设置合适的"角度"，如图3-29~图3-31所示。

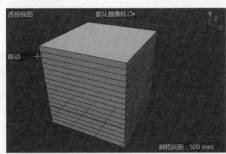

图 3-29

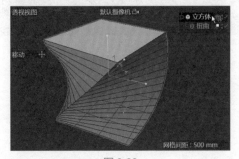

图 3-30

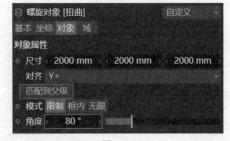

图 3-31

3.2.6 FFD

FFD可以通过选中"点" 级别，并移动其位置使其产生变形的效果。

（1）创建一个"平面"。在菜单栏中执行"创建"|"变形器"|"FFD"命令，接着按住鼠标左键并拖曳"FFD"至"平面"上，如图3-32所示。

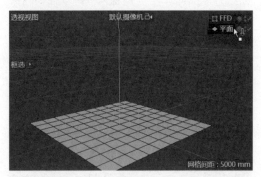

图 3-32

（2）单击"匹配到父级"按钮，如图3-33所示。

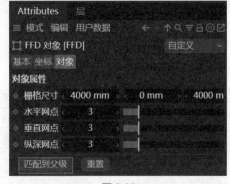

图 3-33

（3）单击工具栏中的 点，选中部分点进行拖曳，此时模型产生起伏感，如图3-34所示。

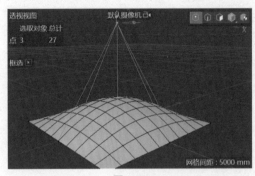

图 3-34

- 栅格尺寸：框架的尺寸。
- 水平 | 垂直 | 纵深网点：框架的水平 | 垂直 | 纵深网点数量。

3.2.7 爆炸

"爆炸"可以制作模型爆炸分散的效果。

（1）创建一个"球体"，并设置"高度分段、封顶分段、旋转分段"均为20。在菜单栏中执行"创建" | "变形器" | "爆炸"命令，接着按住鼠标左键并拖曳"爆炸"至"球体"上，如图3-35所示。

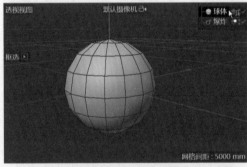

图 3-35

（2）进入"对象" | "属性"操作面板，设置合适的"强度"数值，如图3-36所示。

图 3-36

- 强度：爆炸的强度。
- 随机特性：爆炸的随机性。

3.2.8 爆炸FX

"爆炸FX"可以使模型产生三维状的碎片爆炸效果，这样的爆炸效果更真实。创建一个"球体"模型。在菜单栏中执行"创建" | "变形器" | "爆炸FX"命令，按住鼠标左键并拖曳"爆炸FX"至"球体"上，如图3-37所示。

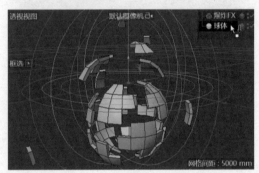

图 3-37

3.2.9 融化

"融化"可使模型产生融化的变形效果。

（1）在菜单栏中执行"创建" | "参数对象" | "圆环面"命令和"创建" | "变形器" | "融化"命令，接着按住鼠标左键并拖曳"融化"至"圆环面"上，如图3-38所示。

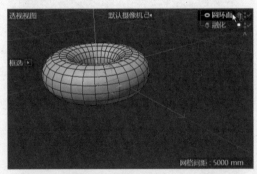

图 3-38

（2）设置合适的"强度"，如图3-39所示。

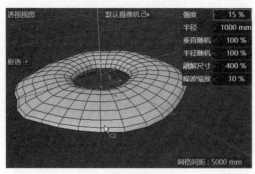

图 3-39

（3）如果需要更改融化的位置，则在"对象｜场次"中选择"融化"并移动位置即可，如图3-40所示。

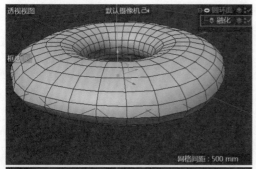

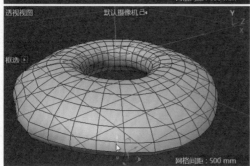

图 3-40

· 溶解尺寸：模型溶解的尺寸。

3.2.10 碎片

"碎片"可以使模型产生碎裂效果。

（1）在菜单栏中执行"创建"｜"参数对象"｜"球体"命令和"创建"｜"变形器"｜"碎片"命令，接着按住鼠标左键并拖曳"碎片"至"球体"上，如图3-41所示。

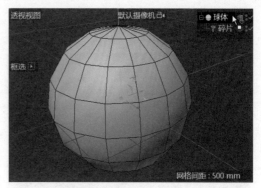

图 3-41

（2）设置"强度"和"角速度"数值，如图3-42所示。

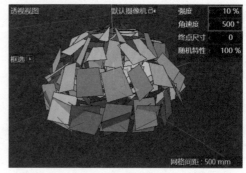

图 3-42

3.2.11 颤动

"颤抖"变形器多用于创建动画。

3.2.12 挤压 & 伸展

"挤压&伸展"可使模型产生挤压或伸展的效果。

（1）创建一个"立方体"。在菜单栏中执行"创建"｜"变形器"｜"挤压&伸展"命令，接着按住鼠标左键并拖曳"挤压&伸展"至"球体"上，如图3-43所示。

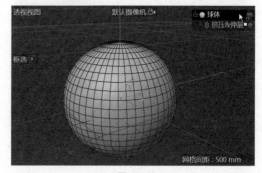

图 3-43

（2）设置合适的"底部"和"因子"数值，如图3-44所示。

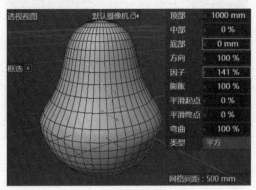

图 3-44

3.2.13 碰撞

"碰撞"可使模型与模型碰撞接触时产生真实的挤压质感。

3.2.14 收缩包裹

"收缩包裹"可使模型变形，用来创建包裹效果。

3.2.15 球化

"球化"可使模型变得更加圆润。按住鼠标左键并拖曳"球化"至"圆柱体"上，出现↓图标时松开鼠标左键，圆柱体变得更圆润了，如图3-45所示。

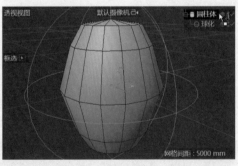

图 3-45

3.2.16 平滑

"平滑"可使模型变得光滑。

3.2.17 表面

"表面"可借助一个模型使平面变成一个模型。

3.2.18 包裹

"包裹"可使模型变为包裹状态。

3.2.19 导轨

"导轨"可通过样条确定模型的外形。

3.2.20 样条约束

"样条约束"可使模型以样条为参考创建变形与效果。

3.2.21 置换

"置换"可通过贴图来创建模型的凹凸效果。

3.2.22 公式

"公式"可以通过设置数学公式产生效果。

3.2.23 变形

"变形"常用于动画中。

3.2.24 点缓存

"点缓存"主要用来进行点缓存处理。

3.2.25 风力

"风力"可使模型被风吹动。

3.2.26 倒角

"倒角"可以让模型的边缘更圆滑。按住鼠标左键并拖曳"倒角"至"立方体"上，出现↓图标时松开鼠标左键。设置合适的"偏移"和"细分"数值，如图3-46所示。

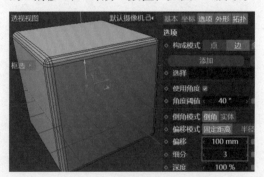

图 3-46

Cinema 4D R25 三维建模设计案例教程（全彩慕课版）

3.3 实操：晶格生成器制作科技球

本案例将学习创建"球体"，并学习使用"晶格"生成器将模型变为三维网状的方法。案例效果如图3-47所示。

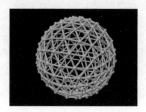

图 3-47

3.3.1 项目诉求

本案例是一个科技项目，要求模型体现三维科技感。

3.3.2 设计思路

选择一个地球形状的三维镂空网格作为设计主题，以体现科技与全球化的紧密联系。线条和节点交织在一起，象征着网络和信息的流动，表达了未来科技对全球影响的视觉象征。

3.3.3 项目实战

（1）执行"创建"｜"网格参数对象"｜"球体"命令，在视图中创建一个球体。在右侧的属性面板中选择"对象"，在"对象属性"选项区域中设置"半径"为"1000mm"、"分段"为"30"、"类型"为"八面体"，如图3-48所示。

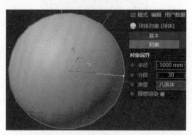

图 3-48

（2）执行"创建"｜"生成器"｜"晶格"命令，如图3-49所示。

图 3-49

（3）进入"对象"｜"属性"面板，按住鼠标左键并拖曳"球体"至"晶格"上，出现↓图标时松开鼠标左键，如图3-50所示。

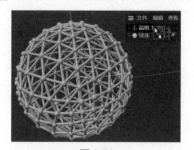

图 3-50

（4）本案例制作完成，效果如图3-51所示。

图 3-51

3.4 实操：扫描生成器制作鞭炮

本案例将学习"样条"工具的使用，并学习使用"扫描"生成器制作鞭炮模型的方法，如图3-52所示。

图 3-52

3.4.1 项目诉求

本案例是一个春节促销的电商项目，要求模型体现传统节日"春节"的元素及代表热闹、喜庆的氛围的元素。

3.4.2 设计思路

根据设计要求及电商广告的常用视觉元素，最终选定"鞭炮"作为模型进行设计。该模型比较常见，主要以鞭炮的"线"为中心轴，左右交错摆放鞭炮及引线。

3.4.3 项目实战

（1）制作鞭炮的支撑部分。执行"创建"｜"网格参数对象"｜"圆柱体"命令，在视图中创建一个圆柱体。接着在右侧的属性面板中选择"对象"，在"对象属性"选项区域中设置"半径"为"50mm"、"高度"为"200mm"、"高度分段"为"4"、"旋转分段"为"16"，如图3-53所示。

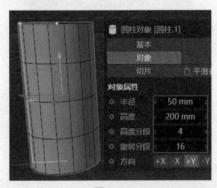

图 3-53

（2）执行"创建"｜"网格参数对象"｜"圆柱体"命令，在视图中创建一个圆柱体。在右侧的属性面板中选择"对象"，

在"对象属性"选项区域中设置"半径"为"25mm"、"高度"为"2300mm"、"高度分段"为"4"、"旋转分段"为"16"，并将其放置在刚才创建的圆柱体上方，如图3-54所示。

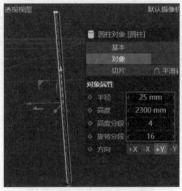

图 3-54

（3）制作鞭炮部分。执行"创建"｜"网格参数对象"｜"圆柱体"命令，在视图中创建一个圆柱体。在右侧的属性面板中选择"对象"，在"对象属性"选项区域中设置"半径"为"50mm"、"高度"为"20mm"、"高度分段"为"4"、"旋转分段"为"16"，如图3-55和图3-56所示。

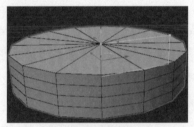

图 3-55

图 3-56

（4）执行"创建"｜"网格参数对象"｜"圆柱体"命令，在视图中创建一个圆柱

体。在右侧的属性面板中选择"对象"，在"对象属性"选项区域中设置"半径"为"50mm"、"高度"为"154mm"、"高度分段"为"20"、"旋转分段"为"16"，并将其放置在刚才创建的圆柱体上方，如图3-57所示。

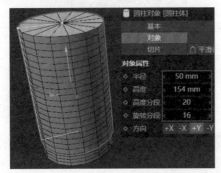

图 3-57

（5）选中刚才制作的两个圆柱体，单击"转为可编辑对象"按钮，然后单击"边"按钮，使用"框选"工具，选择最上层的边，如图3-58所示。

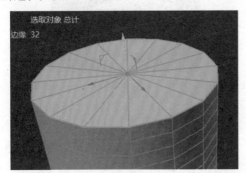

图 3-58

（6）使用"缩放"工具，将其向内收缩到合适位置，如图3-59所示。

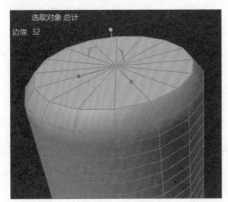

图 3-59

（7）切换到"正视图"，使用"样条画笔"工具，在刚才制作的圆柱体上方画一条直线，如图3-60所示。

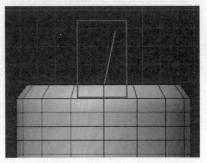

图 3-60

（8）切换到"顶视图"，将刚才绘制的样条调整到合适的位置，如图3-61所示。

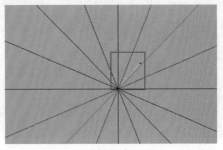

图 3-61

（9）执行"创建"|"样条参数对象"|"圆环"命令，在视图中创建一个圆环。在右侧的属性面板中选择"对象"，在"对象属性"选项区域中设置"半径"为"1mm"、"平面"为"XY"，如图3-62所示。

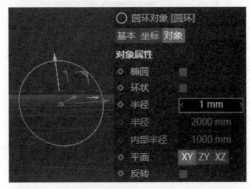

图 3-62

（10）创建完成后，在透视图的菜单栏中执行"创建"|"生成器"|"扫描"命令，进入"对象"|"属性"面板，按住鼠标左键并拖曳"样条"至"扫描"上，接着

拖曳"圆环"至"扫描"上，出现↓图标时松开鼠标左键，如图3-63所示。

图 3-63

（11）使用相同的方法再次制作鞭炮的点火引线，如图3-64所示。

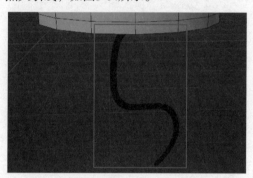

图 3-64

（12）使用"框选"工具▣，选择刚才制作的鞭炮部分，然后选择"转为可编辑对象"工具▨，将整体移动到鞭炮的架杆上，再使用"旋转"工具▨，调整角度并将其移动到合适的位置，如图3-65所示。

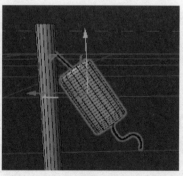

图 3-65

（13）使用相同的方法制作或复制出其他的鞭炮，并分别摆放出鞭炮的完整形状，如图3-66所示。

图 3-66

3.5 实操：使用样条约束变形器制作六边形螺旋管道

文件路径：资源包\案例文件\第3章生成器建模和变形器建模\实操：使用样条约束变形器制作六边形螺旋管道

本案例将学习"螺旋"线条的使用，并学习使用"样条约束"变形器制作螺旋管道模型。案例效果如图3-67所示。

图 3-67

3.5.1 项目诉求

本案例是一个"六一"儿童节的电商项目，要求制作广告中与儿童有关的小的元素。

3.5.2 设计思路

围绕"六一"儿童节的电商项目诉求，最终选定卡通的"滑梯"管道作为模型。以旋转的螺旋线及"低多边形"设计风格为理念，非常简洁。

3.5.3 项目实战

（1）执行"创建"|"样条参数对象"|"螺旋线"命令，在视图中创建一条螺旋线。在右侧的属性面板中选择"对象"，在"对象属性"选项区域中设置"起始半径"为"2000mm"、"开始角度"为"0°"、"终

点半径"为"2500mm"、"结束角度"为"1080°"、"半径偏移"为"0%"、"高度"为"2500mm"、"高度偏移"为"50%"、"细分数"为"100"、"平面"为"XZ",如图3-68所示。

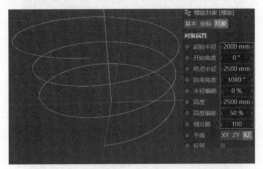

图 3-68

（2）执行"创建"｜"网格参数对象"｜"圆柱体"命令,在视图中创建一个圆柱体。在右侧的属性面板中选择"对象",在"对象属性"中设置"半径"为"280mm"、"高度"为"200mm"、"高度分段"为"300"、"旋转分段"为"6"、"方向"为"+X",然后在右侧的属性面板中选择"封顶",取消勾选"封顶"复选框,如图3-69和图3-70所示。

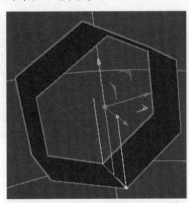

图 3-69

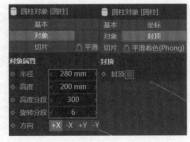

图 3-70

（3）执行"创建"｜"变形器"｜"样条约束"命令,进入"对象"｜"属性"面板,按住鼠标左键并拖曳"样条约束"至"圆柱"上,出现↓图标时松开鼠标左键,如图3-71所示。

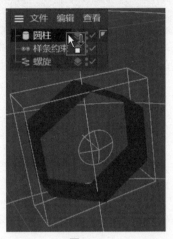

图 3-71

（4）进入"对象"｜"属性"面板,选择"样条约束"命令,将最开始绘制的"螺旋样条"拖曳到"样条约束"命令的"对象"｜"属性"面板中的"样条"栏上,如图3-72所示。

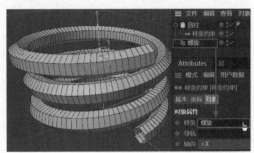

图 3-72

（5）本案例制作完成,效果如图3-73所示。

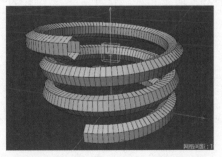

图 3-73

3.6 实操：使用放样生成器制作洗面奶

文件路径：资源包\案例文件\第3章
生成器建模和变形器建模\实操：使用放
样生成器制作洗面奶

本案例将学习使用"圆环"命令制作洗面奶的轮廓，并使用"放样""圆柱体"工具制作洗面奶模型，如图3-74所示。

图 3-74

3.6.1 项目诉求

本案例是一个洗面奶产品项目，要求模型凸显"简约主义"和"实用性原则"。

3.6.2 设计思路

设计遵循"简约主义"的设计原则，强调形式与功能的和谐统一。真正的设计感不仅在于复杂的形态，更在于其满足用户需求的同时，又具备良好的美感。模型外观尽可能简洁，但绝不简单，通过细致的线条和比例，呈现出优雅且易用的特点，既符合实用性，又体现了极简的美学。

3.6.3 项目实战

（1）执行"创建"｜"样条参数对象"｜"圆环"命令，在视图中创建一个圆环样条。在右侧的属性面板中选择"对象"，在"对象属性"选项区域中设置"半径"为"200mm"、"平面"为"XZ"，如图3-75所示。

（2）执行"创建"｜"样条参数对象"｜"圆环"命令，在视图中创建一个圆环样条。在右侧的属性面板中选择"对象"，在"对象属性"选项区域中设置"半径"为"300mm"、"平面"为"XZ"，并将其放置在刚才绘制的圆环上方，如图3-76所示。

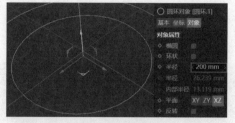

图 3-75

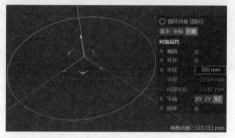

图 3-76

（3）执行"创建"｜"样条参数对象"｜"圆环"命令，在视图中创建一个圆环样条。在右侧的属性面板中选择"对象"，在"对象属性"选项区域中设置"半径"为"300mm"、"平面"为"XZ"，并将其放置在两个圆环上方，如图3-77所示。

图 3-77

（4）选中刚才创作的圆环，单击"转为可编辑对象"按钮，再次使用"缩放"工具，调整正圆为椭圆形状，如图3-78所示。

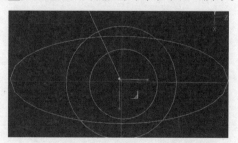

图 3-78

（5）制作出不同的椭圆形状，并将其放置在相应的位置，如图3-79所示。

图 3-79

（6）执行"创建" | "生成器" | "放样"命令，在右侧的属性面板中选择"对象"，在"对象属性"选项区域中设置"网孔细分U"为"30"、"网孔细分V"为"20"、"网格细分U"为"3"，如图3-80所示。

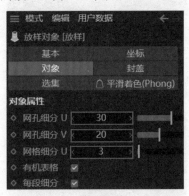

图 3-80

（7）在"对象 | 场次 | 内容浏览器 | 构造"中，选择刚才绘制的所有圆环，将这些圆环拖曳到"放样"位置上，出现↓图标时松开鼠标左键，如图3-81所示。

图 3-81

（8）此时图形发生变换，效果如图3-82所示。

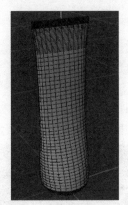

图 3-82

（9）执行"创建" | "网格参数对象" | "圆柱体"命令，在右侧的属性面板中选择"对象"，在"对象属性"选项区域中设置"半径"为"225mm"、"高度"为"200mm"、"高度分段"为"1"、"旋转分段"为"50"。设置完成后将其放置在模型最下方，如图3-83所示。

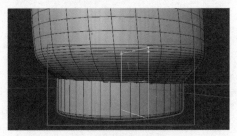

图 3-83

（10）本案例制作完成，效果如图3-84所示。

图 3-84

3.7 实操：使用挤压生成器制作新年海报

文件路径：资源包\案例文件\第3章生成器建模和变形器建模\实操：使用挤压生成器制作新年海报

本案例将学习使用"文本"和"挤压"生成器制作趣味三维字，如图3-85所示。

图 3-85

3.7.1 项目诉求

本案例需要制作一张三维新年海报，要求体现"新春"两个字，并且不要过于呆板，可在构图上稍微做些变化。

3.7.2 设计思路

以竖版的"对角线"构图方式为主要设计思路。为了突出鲜明的文字效果，将"新春"两个字设计得更大，设计感更饱满。在右下角输入"爆竹声中一岁除，春风送暖入屠苏"的美好诗句作为点缀增添画面氛围。

3.7.3 项目实战

（1）执行"创建"｜"样条参数对象"｜"文本"命令，在视图中创建一个文本样条。在右侧的属性面板中选择"对象"，在"对象属性"选项区域中设置"文本样条"为"新"，选择合适的"字体"，并设置"对齐"为"左对齐"、"高度"为"2000mm"、"平面"为"XY"，如图3-86所示。

（2）执行"创建"｜"生成器"｜"挤压"命令，在右侧的属性面板中选择"对象"，设置"方向"为绝对、"移动"为

"0mm""0mm""200mm"，"细分数"为"1"、"等参细分"为"10"，如图3-87所示。

图 3-86

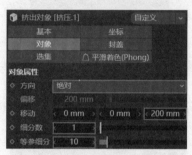

图 3-87

（3）按住鼠标左键并拖曳"文本"至"挤压"上，出现↓图标时松开鼠标左键，如图3-88所示。

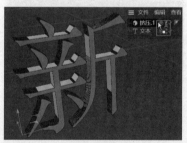

图 3-88

（4）使用相同的方法制作出相同的三组文字，如图3-89所示。

图 3-89

Cinema 4D R25 三维建模设计案例教程（全彩慕课版）

（5）执行"创建"｜"网格参数对象"｜"平面"命令，在右侧的属性面板中选择"对象"，在"对象属性"选项区域中设置"宽度"为"4000mm"、"高度"为"5000mm"、"宽度分段"为"1"、"高度分段"为"1"、"方向"为"+Z"，并将其放置在合适的位置，如图3-90所示。

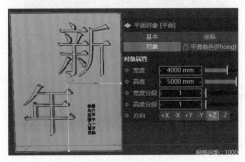

图 3-90

3.8 实操：使用挤压生成器和弯曲变形器制作化妆品

文件路径：资源包\案例文件\第3章生成器建模和变形器建模\实操：使用挤压生成器和弯曲变形器制作化妆品

本案例将学习使用"圆柱体"制作化妆品的基本模型，使用"挤压"生成器和"弯曲"变形器制作瓶嘴部分的模型。案例效果如图3-91所示。

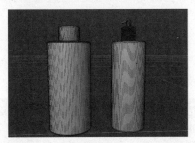

图 3-91

3.8.1 项目诉求

本案例是一款化妆品产品的外形设计，要求为同一系列，两款外形略有不同。

3.8.2 设计思路

本案例采取了现代极简的设计理念，创作出两款圆柱形的化妆品包装。一个设计为旋盖式，光滑的线条与精确的旋转结构体现了精细工艺；另一个设计为瓶嘴挤压式，使得产品易用，同时更体现了设计感。整体设计强调功能与美学的和谐组合，旨在为用户提供良好的使用体验，同时塑造出专业、优雅的品牌形象。

3.8.3 项目实战

（1）执行"创建"｜"网格参数对象"｜"圆柱体"命令，在视图中创建一个圆柱体。在右侧的属性面板中选择"对象"，在"对象属性"选项区域中设置"半径"为"50mm"、"高度"为"200mm"、"高度分段"为"1"、"旋转分段"为"100"、"方向"为"+Y"，继续在右侧的属性面板中勾选"封顶""圆角"复选框，设置"分段"为"8"、"半径"为"4mm"，如图3-92所示。

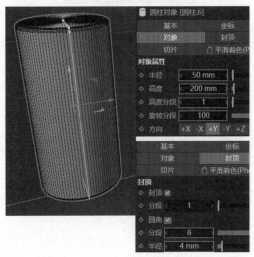

图 3-92

（2）执行"创建"｜"网格参数对象"｜"圆柱体"命令，在视图中创建一个圆柱体。在右侧的属性面板中选择"对象"，在"对象属性"选项区域中设置"半径"为"25mm"、"高度"为"40mm"、"高度分段"为"1"、"旋转分段"为"100"、"方向"为"+Y"，继续在右侧的属性面板中勾选"封顶"、"圆角"复选框，设置"分段"为"3"、"半径"为"4mm"，并将其放置在刚才创建的瓶身上方，如图3-93所示。

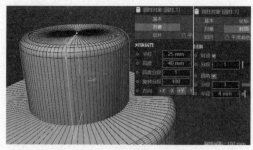

图 3-93

（3）使用相同的方法再次制作一个圆柱体作为瓶身，并调整至合适的大小，如图3-94所示。

图 3-94

（4）执行"创建"｜"样条参数对象"｜"齿轮"命令，在视图中创建一个齿轮样条。在右侧的属性面板中选择"对象"，在"对象属性"选项区域中设置"平面"为"XZ"，继续在右侧的属性面板中选择"齿"，设置"类型"为渐开线、"齿"为"100"、"方向"为"0"、"根半径"为"15mm"、"附加半径"为"15.3mm"、"间距半径"为"15mm"、"组件"为"0.3mm"、"径节"为"33.333"、"齿根"为"0.001mm"、"压力角度"为"11°"，如图3-95所示。在右侧的属性面板中选择"嵌体"，设置半径为0.3mm，并将其放置在刚才新建的圆柱体上方。

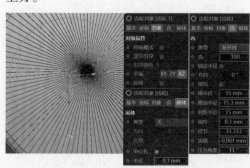

图 3-95

（5）执行"创建"｜"生成器"｜"挤压"命令，在右侧的属性面板中选择"对象"，在"对象属性"选项区域中设置"方向"为"绝对"、"移动"为"0mm""40mm""0mm"、"细分数"为"1"、"等参细分"为"10"，如图3-96所示。

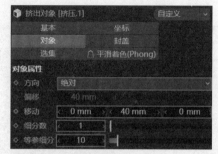

图 3-96

（6）按住鼠标左键并拖曳"齿轮"至"挤压"上，出现⬇图标时松开鼠标左键，如图3-97所示。

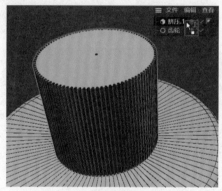

图 3-97

（7）使用相同的方法再次制作一个圆角圆柱，调整至合适的大小并放置在刚才创建的模型上方，效果如图3-98所示。

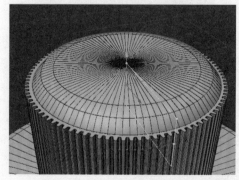

图 3-98

Cinema 4D R25 三维建模设计案例教程（全彩慕课版）

（8）执行"创建"|"网格参数对象"|"管道"命令，在视图中创建一个管道体。在右侧的属性面板中选择"对象"，设置"外部半径"为"1.2mm"、"内部半径"为"0.8mm"、"旋转分段"为"50"、"封顶分段"为"1"、"高度"为"14mm"、"高度分段"为"10"、"方向"为"+Y"，并将其放置在合适的位置，如图3-99所示。

图 3-99

（9）执行"创建"|"变形器"|"弯曲"命令，按住鼠标左键并拖曳"弯曲"至"管道"上，出现↓图标时松开鼠标左键，如图3-100所示。

图 3-100

（10）在右侧的属性面板中选择"对象"，在"对象属性"选项区域中设置"尺寸"为"2mm""15mm""2mm"、"对齐"为"Y+"，单击选择"匹配到父级"按钮，设置"模式"为限制、"强度"为"20°"、"角度"为"0°"，如图3-101所示。

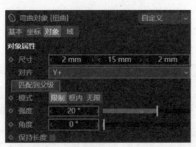

图 3-101

（11）此时模型产生弯曲效果，如图3-102所示。

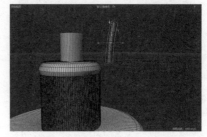

图 3-102

（12）将该管道模型适当旋转，效果如图3-103所示。

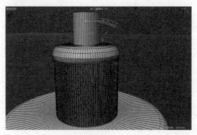

图 3-103

（13）本案例制作完成，效果如图3-104所示。

图 3-104

3.9 扩展练习：使用挤压生成器和布尔生成器制作趣味三维字

文件路径：资源包\案例文件\第3章 生成器建模和变形器建模\扩展练习：使用挤压生成器和布尔生成器制作趣味三维字

本案例将学习使用"文本""挤压""布尔"工具制作趣味三维字的方法。案例效果如图3-105所示。

图 3-105

3.9.1 项目诉求

本案例是一个艺术化模型展示项目，要求以规定的文字"C4D"进行设计。

3.9.2 设计思路

不满足于仅仅将文字简单地展现为三维形式，而是希望通过对众多三维字母进行独特的交叉与混合，创造出全新的艺术视觉效果。计划采取的设计方案是通过将这些模型相互"穿插"，并清除在此过程中生成的多余部分，从而打造出流畅且别致的艺术化文字模型。

3.9.3 项目实战

（1）执行"创建"｜"样条参数对象"｜"文本"命令，在视图中创建一个文本样条。在右侧的属性面板中选择"对象"，在"对象属性"选项区域中设置"文本样条"为"C4D"，选择合适的"字体"，并设置"对齐"为"左"、"高度"为"2032mm"，如图3-106和图3-107所示。

图 3-106

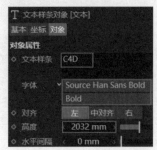

图 3-107

（2）执行"创建"｜"生成器"｜"挤压"命令，在右侧的属性面板中选择"对象"，在"对象属性"选项区域中设置"方向"为"绝对"、"移动"为"0mm""0mm""4500mm"、"细分数"为"1"、"等参细分"为"10"，接着按住鼠标左键并拖曳"文本"至"挤压"上，出现⬇图标时松开鼠标左键，如图3-108和图3-109所示。

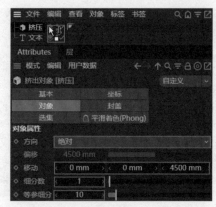

图 3-108

图 3-109

（3）再次执行"创建"｜"样条参数对象"｜"文本"命令，在视图中创建一个文本样条。在右侧的属性面板中选择"对象"，在"对象属性"选项区域中设置"文本样条"为"C4D"，选择合适的"字体"，并设置"对齐"为"左对齐"、"高度"为"2032mm"，然后将其放置在刚才创建的模型右侧，如图3-110和图3-111所示。

图 3-110

图 3-111

（4）再次执行"创建"｜"生成器"｜"挤压"命令，在右侧的属性面板中选择"对象"，在"对象属性"选项区域中设置"方向"为绝对、"移动"为"0mm""0mm""4500mm"、"细分数"为"1"、"等参细分"为"10"，接着按住鼠标左键并拖曳"文本"至"挤压"上，出现↓图标时松开鼠标左键，如图3-112和图3-113所示。

图 3-112

图 3-113

（5）执行"创建"｜"生成器"｜"布尔"命令，在右侧的属性面板中选择"对象"，在"对象属性"选项区域中设置"布尔类型"为AB交集，接着按住鼠标左键并拖曳"挤压"至"布尔"上，出现↓图标时松开鼠标左键，如图3-114和图3-115所示。

图 3-114

图 3-115

（6）使用相同的方法，在右侧的属性面板中按住鼠标左键并拖曳"挤压.1"至"布尔"上，出现↓图标时松开鼠标左键，如图3-116所示。

图 3-116

（7）本案例制作完成，效果如图3-117所示。

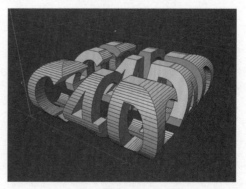

图 3-117

3.10 课后习题

一、选择题

1. Cinema 4D中的变形器可以应用于哪些几何体？（ ）
   A．立方体和球体
   B．圆柱体和圆锥体
   C．二十面体和八面体
   D．所有类型的几何体

2. 以下哪些类型是Cinema 4D中的变形器？（ ）
   A．移动工具、旋转工具和缩放工具
   B．弯曲工具、扭曲工具和FFD工具
   C．挤压工具、对称工具和旋转工具
   D．减面工具、布尔工具和晶格工具

3. 以下哪些类型是Cinema 4D中的生成器？（ ）
   A．FFD   B．放样
   C．平滑   D．倒角

4. Cinema 4D中的生成器可以使用哪些类型的对象来进行"布尔"？（ ）
   A．模型对象
   B．材质对象
   C．灯光对象
   D．摄像机对象

二、填空题

1. 在Cinema 4D中，两个样条通过使用_____生成器，可以进行交集、合集、减去操作。

2. 使用_____生成器可以使模型产生厚度效果。

三、判断题

1. 在为模型设置"变形器"时，模型的"分段"数量对模型的形态影响很大。（ ）

2. "布尔"和"样条布尔"生成器都可以对样条使用。（ ）

课后实战

● 设计三维文字海报

作业要求：请运用"生成器"或"变形器"的功能，精心设计并创建一张三维的"文字海报"。对模型的外观样式没有设定任何限制，你可以发挥自己的创意，展现出你的设计才华，让我们看到一张别出心裁的三维文字海报。

第4章

多边形建模

本章要点

Cinema 4D 是一款专业的 3D 建模软件，可用于创建各种类型的数字艺术、游戏和电影特效。在 Cinema 4D 中，多边形建模是一种常用的、复杂的建模技术，可以通过对点、边、多边形级别进行编辑制作出精密的模型效果。

⭐ 知识要点

❖ 将模型转为可编辑对象
❖ "点"级别中的重点参数
❖ "边"级别中的重点参数
❖ "多边形"级别中的重点参数
❖ "模型"级别中的重点参数

4.1 将模型转为可编辑对象

选中模型,单击"转为可编辑对象"按钮 ✔,即可对该模型进行转换,效果如图4-1所示。

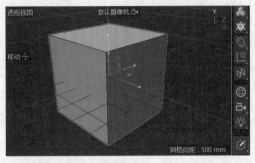

图 4-1

此时可以对点 ⊙、边 ⚙、多边形 ◈ 进行选择或编辑,效果如图4-2所示。

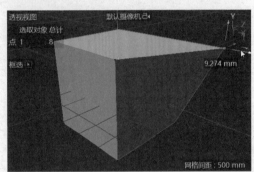

图 4-2

4.2 "点"级别中的重点参数

多边形建模主要用来创建一些复杂的模型效果,在Cinema 4D中很常用。

4.2.1 多边形画笔

依次单击模型上的两个点,即可创建出一条新的线段,效果如图4-3所示。

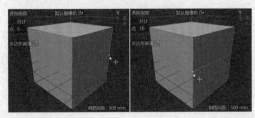

图 4-3

4.2.2 创建点

单击进入"点"级别 ⊙,然后单击鼠标右键,在弹出的窗口中选择"创建点"选项。创建完成后单击边上任意位置即可创建新的点,效果如图4-4所示。

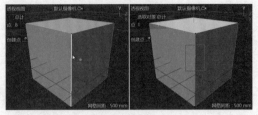

图 4-4

4.2.3 封闭多边形孔洞

选择该工具,按住鼠标左键并拖曳至缺口位置,当缺口亮起时单击即可执行"封闭多边形孔洞"命令,效果如图4-5所示。

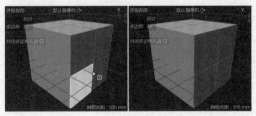

图 4-5

4.2.4 倒角

执行该命令后,选中模型上的任意一个点,按住鼠标左键拖曳,即可将一个点创建为一个多边形,效果如图4-6所示。

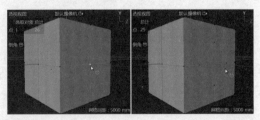

图 4-6

4.2.5 挤压

执行该命令后,选中模型上的任意一个点,按住鼠标左键拖曳,即可使选中的点出现挤压效果,如图4-7所示。

Cinema 4D R25 三维建模设计案例教程(全彩慕课版)

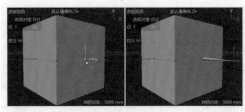

图 4-7

4.2.6 桥接

连中两个或多个点，即可产生新的边，此时使用该工具并拖曳，效果如图4-8所示。

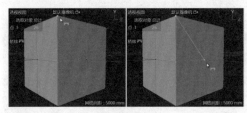

图 4-8

4.2.7 焊接

选中需要焊接的两个点，右键选择"焊接"选项，单击最终焊接在一起的那个点完成焊接，效果如图4-9所示。

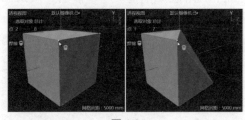

图 4-9

4.2.8 缝合

在"点"或"多边形"级别下创建缝合命令，对模型进行缝合处理。

4.2.9 塌陷

选中多个点，执行该命令即可使多个点塌陷在一起，效果如图4-10所示。

图 4-10

4.2.10 溶解

选中模型上需要溶解的点，单击鼠标右键，在弹出的窗口中选择"溶解"选项即可溶解选中的点，效果如图4-11所示。

图 4-11

4.2.11 消除

执行该命令，可对模型上选中的点进行消除处理，效果如图4-12所示。

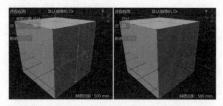

图 4-12

4.2.12 断开连接

选中需要断开连接的点，单击鼠标右键，在弹出的快捷菜单中单击"断开连接"按钮则可断开该点与其他点的连接，并拖曳该点进行查看，效果如图4-13所示。

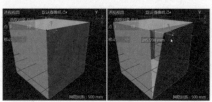

图 4-13

4.2.13 线性切割

执行该命令后，可在模型上绘制出切割的线，效果如图4-14所示。

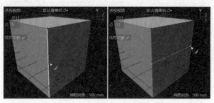

图 4-14

4.2.14 平面切割

单击鼠标右键，在弹出的快捷菜单中执行"平面切割"命令。在模型上确定切割线后，再次单击鼠标左键完成平面切割，效果如图4-15所示。

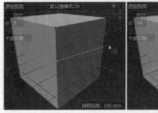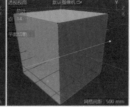

图 4-15

4.2.15 循环 | 路径切割

单击鼠标右键，在弹出的快捷菜单中选择"循环 | 路径切割"选项。在模型上确定循环切割路径后，再次单击鼠标左键即可对模型进行循环 | 路径切割，效果如图4-16所示。

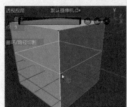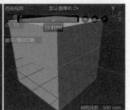

图 4-16

4.2.16 连接点 | 边

选中两个点，单击鼠标右键，选择"连接点 | 边"命令，创建新的边，效果如图4-17所示。

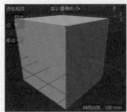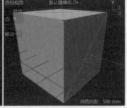

图 4-17

4.2.17 熨烫

使用该工具，在模型表面多次拖曳，即可使模型更圆滑，效果如图4-18所示。

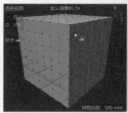

图 4-18

4.2.18 笔刷

创建该命令后，在模型需要的位置拖曳即可执行该命令，效果如图4-19所示。

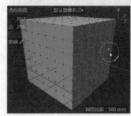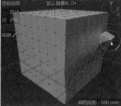

图 4-19

4.2.19 滑动

执行"滑动"指令后，在模型上选中点进行拖曳，使该点与另一点重合，效果如图4-20所示。

图 4-20

4.3 "边"级别中的重点参数

4.3.1 倒角

将模型转为可编辑对象后，单击进入"边"级别，选中模型的边，单击鼠标右键，在弹出的窗口中选择"倒角"选项，接着在视图中按住鼠标左键拖曳，效果如图4-21所示。

Cinema 4D R25 三维建模设计案例教程（全彩慕课版）

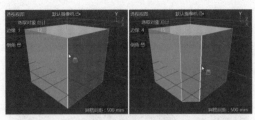

图 4-21

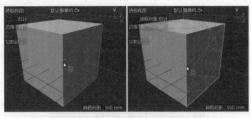

图 4-24

4.3.2 挤压

选中边，执行"挤压"命令，在视图中按住鼠标左键拖曳，效果如图4-22所示。

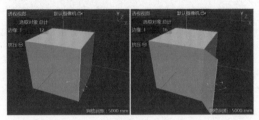

图 4-22

4.3.3 桥接

将两个模型转为可编辑对象后，选中两个模型。在"模型"级别 下，单击鼠标右键，选择"连接对象+删除"选项，此时可以看到刚才的两个模型变成了一个模型，且原来的两个模型已被删除。在"边"级别 下单击鼠标右键执行"桥连"命令，并单击选择一条边将其拖曳到另外一条边上，此时两条边便连接在一起了，效果如图4-23所示。

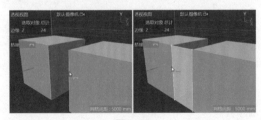

图 4-23

4.3.4 切割边

选中需要切割的边，单击鼠标右键，选择该命令后，在视图中按住鼠标左键拖曳即可创建出切割的边，效果如图4-24所示。

4.3.5 旋转边

选中一条边，单击鼠标右键，在弹出的窗口中选择"旋转边"选项，即可旋转模型的边，如图4-25所示。

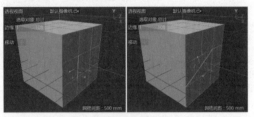

图 4-25

4.3.6 提取样条

选中模型的所有边，单击鼠标右键，在弹出的窗口中选择"提取样条"选项，如图4-26所示。此时需要将"立方体.样条"拖曳到"立方体"之外，如图4-27所示。删除"立方体"即可看到样条，如图4-28所示。

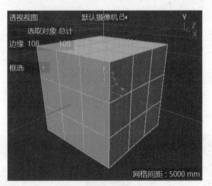

图 4-26

图 4-27

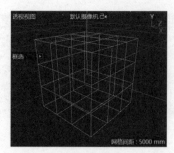

图 4-28

4.4 "多边形"级别中的重点参数

4.4.1 封闭多边形孔洞

进入"多边形"级别，单击鼠标右键选择该工具，然后在模型缺口位置单击即可完成封闭多边形孔洞操作，如图4-29所示。

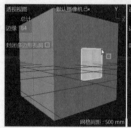
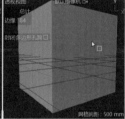

图 4-29

4.4.2 倒角

将模型转为可编辑对象后，进入"多边形"级别，单击鼠标右键，在弹出的窗口中选择"倒角"选项，然后按住鼠标左键拖曳，最后设置"偏移"即可产生多边形的倒角效果，如图4-30所示。

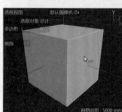
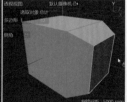

图 4-30

4.4.3 挤压

选中模型，单击鼠标右键，在弹出的窗口中选择"挤压"选项，然后按住鼠标左键

在视图中拖曳，效果如图4-31所示。

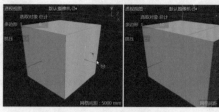

图 4-31

除此之外，在选中多边形时，按住Ctrl键向外拖曳，也可以使模型产生挤压效果，如图4-32所示。

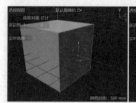
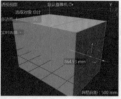

图 4-32

4.4.4 嵌入

选中模型上的多边形，执行"内部挤压"命令，按住鼠标左键在视图中拖曳，效果如图4-33所示。

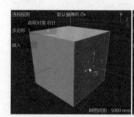
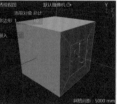

图 4-33

4.4.5 矩阵挤压

选中模型上的多边形，单击鼠标右键，在弹出的窗口中选择"矩阵挤压"选项，在视图中按住鼠标左键拖曳，效果如图4-34所示。

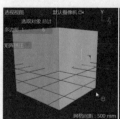
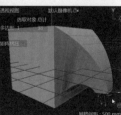

图 4-34

4.4.6 细分

选中模型上的多边形,单击鼠标右键,在弹出的窗口中选择"细分"选项,对模型的分段进行细分,效果如图4-35所示。

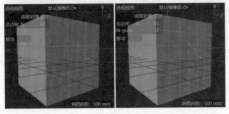

图 4-35

4.4.7 坍塌

选中模型上的多边形,单击鼠标右键,在弹出的窗口中选择"坍塌"选项,可使多个多边形产生坍塌效果,如图4-36所示。

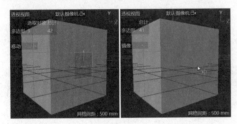

图 4-36

4.4.8 阵列

选中模型上的多边形,单击鼠标右键,在弹出的窗口中选择"阵列"选项,接着进入"对象"|"场次"面板,设置好参数后单击"应用"按钮,效果如图4-37所示。

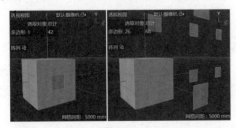

图 4-37

4.4.9 克隆

选中模型上的多边形,单击鼠标右键,在弹出的窗口中选择"克隆"选项,进入"对象"|"场次"面板,设置好"克隆"和"偏移"的数值后单击"应用"按钮,即可将选中的多边形克隆出来,效果如图4-38所示。

图 4-38

4.4.10 三角化

创建多边形为四条边的模型,单击鼠标右键,执行"三角化"命令,效果如图4-39所示。

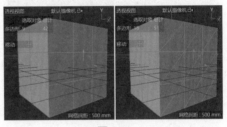

图 4-39

4.4.11 反三角化

选中模型上的三角形的面,单击鼠标右键,执行"反三角化"命令,然后进入"对象"|"场次"面板,设置好参数后单击"应用"按钮,效果如图4-40所示。

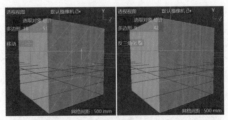

图 4-40

4.5 "模型"级别中的重点参数

4.5.1 连接对象

将两个或多个模型转为可编辑对象后,

选中这些模型，如图4-41所示。

图 4-41

在"模型"级别 ⬡ 下，单击鼠标右键，选择"连接对象"选项，此时可以看到刚才的两个模型变成了一个模型，且原来的两个模型仍在，如图4-42所示。

图 4-42

4.5.2 连接对象 + 删除

将两个或多个模型转为可编辑对象后，选中这些模型，如图4-43所示。

图 4-43

在"模型"级别 ⬡ 下，单击鼠标右键，选择"连接对象+删除"选项，此时可以看到刚才的两个模型变成了一个模型，且原来的两个模型已被删除，如图4-44所示。

图 4-44

4.5.3 群组对象

将两个或多个模型转为可编辑对象后，选中这些模型，如图4-45所示。

图 4-45

在"模型"级别 ⬡ 下，单击鼠标右键，选择"群组对象"选项，此时可以看到刚才的两个模型被放置在"空白"中了，如图4-46所示。

图 4-46

4.6 实操：电商背景

文件路径：资源包\案例文件\第4章 多边形建模\实操：电商背景

本案例将学习利用多边形建模技术制作电商背景模型。案例效果如图4-47所示。

图 4-47

4.6.1 项目诉求

本案例是一个电商项目，要求模型体现扇子、鞋盒等电商的常用元素，进而自由组合场景。

4.6.2 设计思路

以扇子和鞋盒为元素，打造一款电商广告。扇子作为背景，强化了中国风的艺术气息；同时，前方堆叠的鞋盒象征丰富的鞋子促销商品，激发了消费者的购买欲望。整体设计在体现中式美感的同时，也兼具了热烈的促销气氛和高品质的设计感。

4.6.3 项目实战

（1）执行"创建"｜"网格参数对象"｜"圆盘"命令，在视图中创建一个圆盘。在右侧的属性面板中选择"对象"，在"对象属性"选项区域中设置"内部半径"为"0mm"、"外部半径"为"2570mm"、"圆盘分段"为"1"、"旋转分段"为"28"、"方向"为"+Z"，如图4-48所示。

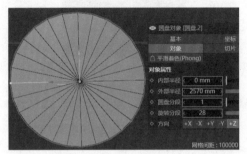

图 4-48

（2）选择刚才创建的圆盘，单击"转为可编辑对象"按钮，进入"边"模式，按住Shift键加选需要更改的边，然后使用"移动"工具并按住鼠标左键向前拖曳Z轴，效果如图4-49所示。

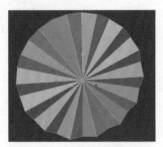

图 4-49

（3）选择刚才创建的模型，进入"面"模式，按住Shift键加选需要更改的面，按下Delete键删除，效果如图4-50所示。

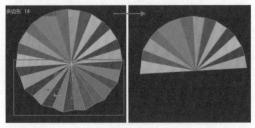

图 4-50

（4）使用相同的方法再次制作出一个圆盘，并放到相应的位置，如图4-51所示。

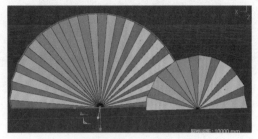

图 4-51

（5）执行"创建"｜"网格参数对象"｜"立方体"命令，在视图中创建一个立方体。在右侧的属性面板中选择"对象"，在"对象属性"选项区域中设置"尺寸.X"为"1500mm"、"尺寸.Y"为"1000mm"、"尺寸.Z"为"2000mm"，如图4-52所示。

图 4-52

（6）再次执行"创建"｜"网格参数对象"｜"立方体"命令，在视图中创建一个立方体。在右侧的属性面板中选择"对象"，在"对象属性"选项区域中设置"尺寸.X"为"1520mm"、"尺寸.Y"为"400mm"、"尺寸.Z"为"2050mm"，并将其放置在刚才创建的长方体上方，如图4-53所示。

图 4-53

（7）按住Shift键加选两个长方体，使用旋转工具将其放置在合适的位置，如图4-54所示。

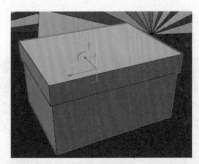

图 4-54

（8）使用相同的方法制作出更多不同尺寸的盒子，并将其放置在合适的位置，如图4-55所示。

图 4-55

（9）执行"创建"|"网格参数对象"|"平面"命令，在视图中创建一个平面。使用"缩放"工具 ◻ 调整大小，并将其放置在合适的位置，如图4-56所示。

图 4-56

（10）使用相同的方法再次创建一个垂直的平面模型，调整至合适的大小，并将其放置在相应的位置。本案例制作完成，效果如图4-57所示。

图 4-57

4.7 实操：礼品盒

文件路径：资源包\案例文件\第4章
多边形建模\实操：礼品盒

本案例将学习利用"样条"工具将模型转换为挤压对象，并使用"挤压""样条"工具制作礼品盒模型。案例效果如图4-58所示。

图 4-58

4.7.1 项目诉求

本案例需要设计一款用于电商广告中的模型元素，以体现礼品、赠送、节庆等喜悦的氛围。

4.7.2 设计思路

以方形礼品盒为核心元素，为电商广告打造一个充满节日气氛和促销活动的模型。礼品盒的设计体现了丰富的礼物与赠品，丝带装饰则增添了节日与礼物的气氛，在激发消费者购买欲望的同时，保持了设计的简洁和优雅。

4.7.3 项目实战

（1）执行"创建"|"网格参数对象"|"立方体"命令，在视图中创建一个立方体。在右侧的属性面板中选择"对象"，在"对象属性"选项区域中设置"尺寸.X"为"545mm"、"尺寸.Y"为"212mm"、"尺寸.Z"为"444mm"、"分段X"为"1"、"分段Y"为"1"、"分段Z"为"1"，如图4-59所示。

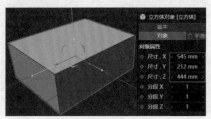

图 4-59

（2）再次执行"创建"｜"网格参数对象"｜"立方体"命令，在视图中创建一个立方体。在右侧的属性面板中选择"对象"，在"对象属性"选项区域中设置"尺寸.X"为"552mm"、"尺寸.Y"为"67mm"、"尺寸.Z"为"447mm"、"分段X"为"1"、"分段Y"为"1"、"分段Z"为"1"，并将其放置在刚才创建的立方体上方作为礼盒的盖子，如图4-60所示。

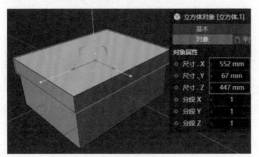

图 4-60

（3）继续执行"创建"｜"网格参数对象"｜"平面"命令，在视图中创建一个立方体。在右侧的属性面板中选择"对象"，在"对象属性"选项区域中设置"宽度"为"560mm"、"高度"为"12mm"、"宽度分段"为"10"、"高度分段"为"10"、"方向"为"+Y"，并将其放置在盒子上方作为盒子的丝带，如图4-61所示。

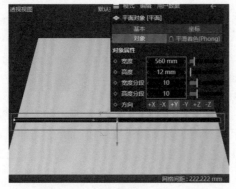

图 4-61

（4）制作不同的平面模型，分别放置在盒子的不同位置，如图4-62所示。

（5）使用"样条画笔"工具 ，在右视图中绘制出一个花瓣形状作为蝴蝶结的一部分，如图4-63所示。

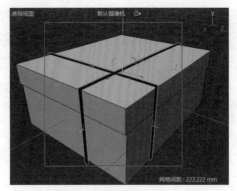

图 4-62

图 4-63

（6）执行"创建"｜"生成器"｜"挤压"命令，在右侧的属性面板中选择"对象"，在"对象属性"选项区域中设置"方向"为"绝对"、"移动"为"16mm""0mm""0mm"、"细分数"为"1"、"等参细分"为"10"，如图4-64所示。

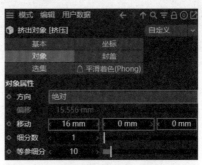

图 4-64

（7）执行"创建"｜"生成器"｜"细分曲面"命令，创建完成后进入"对象"｜"属性"操作面板，拖曳"样条"至"挤压"的"对象"上，当鼠标指针变为 形状时，松开鼠标左键，如图4-65所示。

（8）在右侧的属性面板中选择"封盖"，进入"封盖"选项区域，取消勾选"起点封盖""终点封盖"复选框，如图4-66所示。

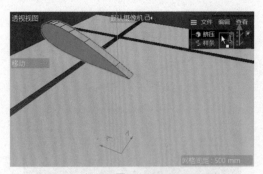

图 4-65

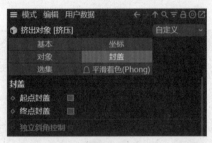

图 4-66

（9）将制作好的丝带模型适当移动位置和旋转角度，效果如图4-67所示。

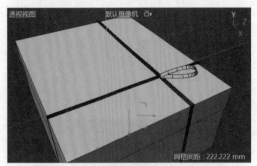

图 4-67

（10）使用相同的方法制作其他的丝带，效果如图4-68所示。

图 4-68

（11）本案例制作完成，效果如图4-69所示。

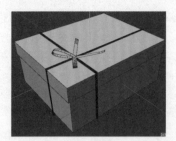

图 4-69

4.8 实操：三维镂空文字

文件路径：资源包\案例文件\第4章多边形建模\实操：三维镂空文字

本案例将学习利用"文本"工具将模型转换为可编辑对象，并使用"细分曲面""导角"工具制作三维镂空文字。案例效果如图4-70所示。

图 4-70

4.8.1 项目诉求

本案例需要设计一款软件的宣传图，要求以三维的形式展现软件卓越的性能和无限的想象力。

4.8.2 设计思路

采用交织缠绕的三维线条构建出软件的字母标识，以体现科技感和创新力。这种设计旨在以视觉语言传达软件的卓越性能和无限想象力，同时展现出高端的设计感和前瞻性。

4.8.3 项目实战

（1）执行"创建"|"网格参数对象"|"文本"命令，在视图中创建一个文本模型。在右侧的属性面板中选择"对象"，在"对象属性"选项区域中设置"深度"为"800mm"、"细分数"为"8"、"文本样条"

为"C4D"，选择合适的"字体"，并设置"对齐"为"左"、"高度"为2000mm、"点插值方式"为"细分"、"角度"为"5°"、"最大长度"为"100mm"，如图4-71所示。

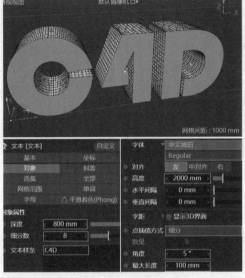

图 4-71

（2）在右侧的属性面板中选择"对象"，在"对象属性"选项区域中设置"封盖类型"为"常规网格"、"尺寸"为"50mm"，如图4-72所示。

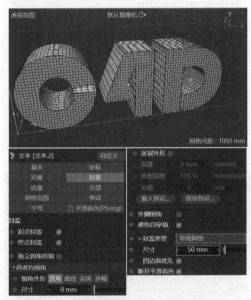

图 4-72

（3）选择刚才创建的文字模型，单击"可编辑对象"按钮，然后单击鼠标右键，选择"链接对象+删除"选项，如图4-73

所示。

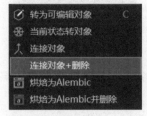

图 4-73

（4）执行"创建"｜"变形器"｜"置换"命令，在右侧的属性面板中选择"着色"，单击"着色器"右侧的下拉按钮，设置"着色器"为"噪波"。然后进入"对象"｜"属性"面板，按住鼠标左键拖曳"置换"至"文本"上，如图4-74所示。

图 4-74

（5）在右侧的属性面板中选择"对象"，在"对象属性"选项区域中设置"强度"为78%、"高度"为50mm，如图4-75所示。

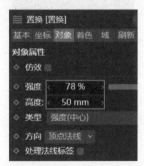

图 4-75

（6）执行"创建"｜"生成器"｜"减面"命令，进入"对象"｜"属性"面板，按住鼠标左键拖曳"文本"至"减面"上，如图4-76所示。

图 4-76

（7）执行"创建"｜"生成器"｜"细分曲面"命令，进入"对象"｜"属性"面板，按住鼠标左键拖曳"减面"至"细分曲面"上，如图4-77所示。

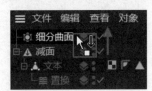

图 4-77

（8）进入"对象"｜"属性"面板，选择"减面"后单击鼠标右键，在弹出的快捷菜单中选择"当前状态转对象"选项，如图4-78所示。

图 4-78

（9）将下方的"减面"删除，只保留当前的对象，如图4-79所示。

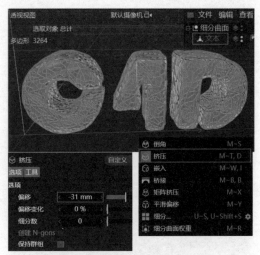

图 4-79

（10）勾选"细分曲面""减面"复选框，单击"转为可编辑对象"按钮，选择"细分曲面"下"文本"，然后单击"多边形"按钮，并全选所有的面。单击鼠标右键，在弹出的快捷菜单中选择"挤压"选项，在右侧的属性面板中取消勾选"保持群组"复选框，最后设置"偏移"为"-31mm"，如图4-80所示。

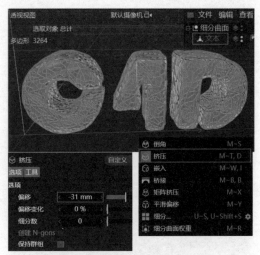

图 4-80

（11）按Delete键删除多余的面，效果如图4-81所示。

图 4-81

（12）执行"创建"｜"生成器"｜"布料曲面"命令，在右侧的属性面板中选择"对象"，在"对象属性"选项区域中设置"细分数"为"0"、"厚度"为"3mm"、然后进入"对象"｜"属性"面板，将"细分曲面"拖曳到"布料曲面"上，如图4-82所示。

图 4-82

Cinema 4D R25 三维建模设计案例教程（全彩慕课版）

（13）执行"创建"｜"生成器"｜"细分曲面"命令，进入"对象"｜"属性"面板，将"布料曲面"拖曳到"细分曲面"上，如图4-83所示。

图 4-83

（14）本案例制作完成，效果如图4-84所示。

图 4-84

4.9 扩展练习：甜腻甜甜圈

文件路径：资源包\案例文件\第4章 多边形建模\扩展练习：甜腻甜甜圈

本案例将学习利用"立方体"工具将模型转换为可编辑对象，并使用"复制""细分曲面"制作甜甜圈模型。案例效果如图4-85所示。

图 4-85

4.9.1 项目诉求

本案例是一款三维美食模型设计项目，要求体现甜腻、诱人的设计感。

4.9.2 设计思路

以卡通甜甜圈作为核心元素，创建出一个富有吸引力的三维美食模型。融化的巧克力覆盖在甜甜圈上，表达出丝滑与甜腻的诱人感觉，借此描绘出美食给人带来的欢乐和诱惑，同时也展示出甜点的丰富质感和可爱外观。

4.9.3 项目实战

（1）执行"创建"｜"网格参数对象"｜"圆环面"命令，在视图中创建一个圆环面。在右侧的属性面板中选择"对象"，在"对象属性"选项区域中设置"圆环半径"为"87mm"、"圆环分段"为"34mm"、"导管半径"为"41mm"、"导管分段"为"21"、"方向"为"+Y"，如图4-86所示。

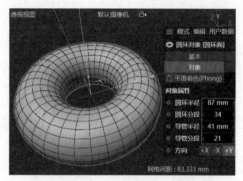

图 4-86

（2）选择刚才制作的圆环对象，按Ctrl+C组合键进行复制，然后按Ctrl+V组合键进行粘贴最后将最初创建的圆环对象隐藏，如图4-87所示。

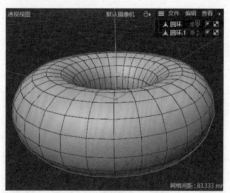

图 4-87

（3）选择刚才创建的圆环对象，单击鼠标右键，在弹出的快捷菜单中依次单击"转为可编辑对象"按钮和"多边形"按钮，再次使用"框选"工具框选圆环对象的下半部分，并将其删除，如图4-88所示。

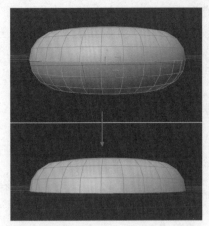

图 4-88

（4）使用"实时选择"工具 ⟨·⟩，按住Shift键加选一些面并删除，如图4-89所示。

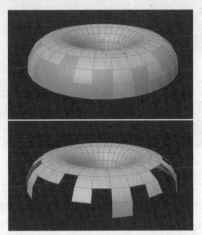

图 4-89

（5）使用"框选"工具 ⟨·⟩框选剩下的面对象，在按住Ctrl键的同时按住鼠标左键向上拖曳Y轴，使其厚度增加，如图4-90所示。

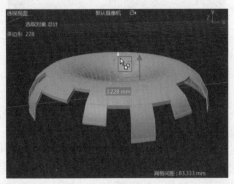

图 4-90

（6）执行"创建"｜"生成器"｜"细分曲面"命令，在右侧的属性面板中选择"对象"，在"对象属性"选项区域中设置"编辑器细分"为"2"、"渲染器细分"为"2"、"细分UV"为"边"，如图4-91所示。

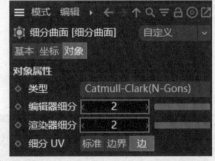

图 4-91

（7）创建完成后，进入"对象"｜"属性"操作面板，拖曳"圆环.1"至"细分曲面"的"对象"上，当鼠标指针变为 ⟨·⟩状时，松开鼠标左键，如图4-92所示。

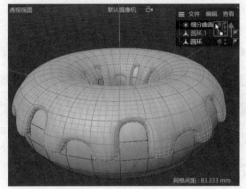

图 4-92

（8）本案例制作完成，效果如图4-93所示。

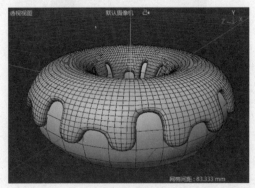

图 4-93

4.10 课后习题

一、选择题

1. 模型有孔洞，可以使用以下哪种多边形工具进行封闭？（　　）
   A. 倒角
   B. 挤压
   C. 封闭多边形孔洞
   D. 桥连

2. 在"边"模式中，多边形建模工具可以使用哪种方式创建切角的效果？（　　）
   A. 优化　　　B. 焊接
   C. 挤压　　　D. 倒角

二、填空题

1. 在Cinema 4D中，选择模型后单击＿＿＿＿按钮，可以对模型的点、边、多边形进行调节。

2. 模型转为可编辑对象后，选择"点"模式，单击＿＿＿＿即可对点进行更复杂的操作。

三、判断题

1. 选择两个模型，使用"连接对象+删除"工具，可以将其变为一个模型。　　　（　　）

2. 在"多边形"模式下，单击鼠标右键，使用"倒角"和"挤压"工具都可以使选中的多边形实现凸起效果。　　（　　）

课后实战

● 利用多边形建模方式制作花瓶模型

作业要求：运用本章所学的内容，利用多边形建模方式创建一个花瓶模型，花瓶模型的外观样式没有要求。

第**5**章

渲染设置和
摄像机

在 Cinema 4D 中创建好场景之后，就需要进行渲染器参数设置及摄像机创建，目的是使后面灯光、材质渲染的效果更符合预期。

本章要点

 知识要点

❖ 渲染器参数设置
❖ 摄像机创建

5.1 认识渲染

5.1.1 渲染的定义

渲染是指将三维模型转换成最终的二维图像的过程。

在渲染过程中，软件将计算出每个像素的颜色和亮度，以及如何在二维图像中表示三维模型的深度和阴影等效果。

5.1.2 渲染工具

菜单栏的右下方有三个用于渲染的工具，如图5-1所示。

图 5-1

- ■（渲染活动视图）：单击该按钮即可渲染当前视图，随时单击鼠标左键即可暂停。
- ■（渲染到图像查看器）：单击该按钮可以在独立的窗口中进行渲染，并可以手动保存图像。
- ■（编辑渲染设置）：单击该按钮即可设置渲染参数。

5.1.3 选择合适的"渲染器"

单击■（编辑渲染设置）按钮，然后单击"渲染器"即可选择需要的渲染器类型，如图5-2所示。

图 5-2

5.2 设置编辑渲染器

单击■（编辑渲染设置）按钮，即可设置需要的渲染参数。下面将针对常用参数进行介绍。

5.2.1 输出

"输出"主要用于设置渲染的宽度、高度、帧范围等，如图5-3所示。

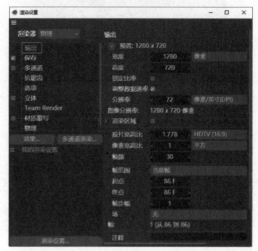

图 5-3

- 宽度丨高度：用于设置渲染的尺寸（宽度、高度）。
- 锁定比率：用于锁定像素纵横比。
- 帧范围：用于设置渲染的范围。

5.2.2 保存

"保存"用于设置图形的保存路径、格式、名称等，如图5-4所示。

图 5-4

5.2.3 抗锯齿

"抗锯齿"用于控制渲染的精度，如图5-5所示。

图 5-5

- 抗锯齿：选项包括无、几何体、最佳。当"渲染器"选择"物理"选项时，该项不可用。
- 过滤：用于设置渲染器的过滤方式，渲染静帧图片时推荐使用Mitchell、Catmull。

5.2.4 选项

"选项"可以控制最终渲染时是否启用该属性，如图5-6所示。

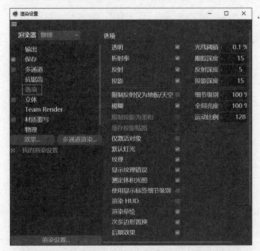

图 5-6

5.2.5 物理

"物理"选项组用于设置景深、运动模糊、采样器、细分等参数，如图5-7所示。

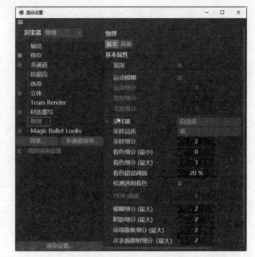

图 5-7

- 景深：勾选该复选框可以渲染出景深效果。
- 运动模糊：勾选该复选框可以渲染出场景中动画的运动模糊效果。
- 采样器：用于设置采样器方式，包括固定的、自适应、递增。
- 模糊细分（最大）：用于设置渲染时画面中模糊部分的细分程度。
- 阴影细分（最大）：用于设置渲染时画面中阴影部分的细分程度。

5.2.6 效果

单击"效果"可以添加一个或多个效果，其中"全局光照"是较常用的效果，能使创建的光照更均匀、更真实，如图5-8所示。

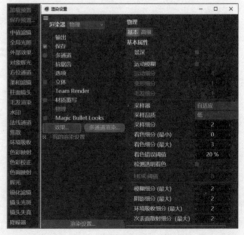

图 5-8

5.2.7 多通道渲染

单击"多通道渲染"可以渲染出某种元素,用于后期进行针对性处理,如高光、投影、反射等,如图5-9所示。

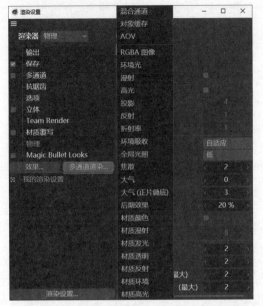

图 5-9

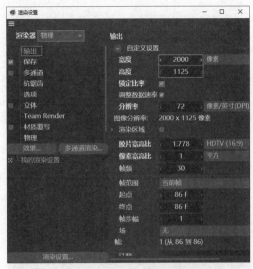

图 5-10

5.3 实操:常用渲染器参数设置

文件路径: 资源包案例文件第5章 渲染设置和摄像机实操: 常用渲染器参数设置

本案例将学习常用渲染器参数的设置思路,通过学习,可以基本应对大部分场景的渲染参数设置。

(1)单击"编辑渲染设置"按钮■(或按Ctrl+B组合键),打开"渲染设置"窗口。在"渲染器"右侧的下拉列表中选择"物理"选项,然后单击"输出",在"输出"选项区域中设置合适的"宽度"和"高度"数值,如图5-10所示。

(2)选择左侧的"抗锯齿"选项,在右侧的"抗锯齿"选项区域中设置"过滤"为"Mitchell",如图5-11所示。

(3)选择左侧的"物理"选项,在右侧的"物理"选项区域中设置"采样器"为"递增",如图5-12所示。

图 5-11

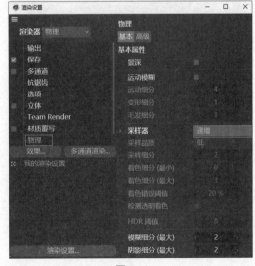

图 5-12

（4）选择左侧的"效果"选项，添加"全局光照"，如图5-13所示。

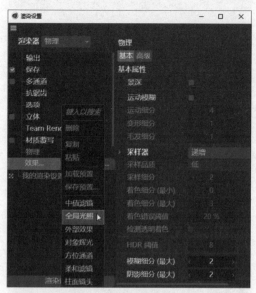

图 5-13

（5）选择左侧的"全局光照"选项，在右侧的"全局光照"选项区域中设置"次级算法"为"辐照缓存"，如图5-14所示。

图 5-14

5.4 认识摄像机

"摄像机"是模拟真实世界中相机的概念，用于控制场景中的视角和视野。摄像机在三维空间中具有位置、朝向、视角、近裁剪面和远裁剪面、焦距等属性，定义了场景的渲染视图。

5.5 创建和编辑摄像机

Cinema 4D中包括六种摄像机类型，分别是摄像机、目标摄像机、立体摄像机、运动摄像机、摇臂摄像机，如图5-15所示。

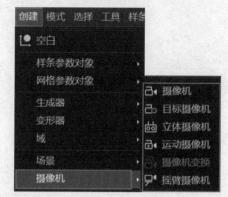

图 5-15

5.5.1 摄像机

"摄像机"功能强大，不仅可以估计摄像机视角，还能控制渲染效果，其参数如图5-16所示。

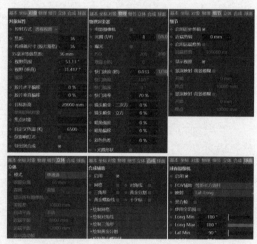

图 5-16

1. 对象

"对象"用于设置基本的摄像机参数，如焦距、自定义色温等。

- 投射方式：用于设置摄像机的透视方式。
- 焦距：用于控制摄像机的焦长。
- 传感器尺寸（胶片规格）：用于控制摄像机所看到的景色范围。值越大，看到的景越多。

- 视野范围：用于设置摄像机查看区域的宽度视野。
- 视野（垂直）：用于设置摄像机查看区域的深度视野。
- 缩放：用于设置视野的缩放。
- 胶片水平偏移：用于设置胶片的水平位移大小。
- 胶片垂直偏移：用于设置胶片的垂直位移大小。
- 目标距离：用于设置摄像机与目标间的距离。
- 使用目标对象：当摄像机具有目标标签时，可以勾选该复选框。用于设置是否使用目标对象。
- 焦点对象：用于设置摄像机聚焦的对象。
- 自定义色温（K）：各种不同的光所含的不同色素称为"色温"，单位为K。

2. 物理

"物理"用于设置光圈、曝光、ISO、快门速度等摄像机的常用参数。

- 电影摄像机：用于设置是否使用电影摄像机。
- 光圈：用于设置摄像机的光圈大小，控制渲染亮度。数值越小，图像越亮。
- 曝光：只有勾选该复选框，才可以设置ISO的值。
- ISO：用于控制图像的亮暗。值越大，表示ISO的感光系数越强，图像也越亮。
- 快门速度：用于控制光的进光时间。值越小，进光时间越长，图像也越亮。
- 快门角度：只有当勾选"电影摄像机"复选框时，该选项才会被激活，用于控制图像的亮暗。
- 快门偏移：只有当勾选"电影摄像机"复选框时，该选项才会被激活，主要用于控制快门角度的偏移。
- 光圈形状：勾选该选项后，可以设置光圈的形状。
- 叶片数：用于控制散景产生的小圆圈的边。

3. 细节

"细节"用于设置渲染摄像机的范围。

- 启用近处剪辑｜启用远端修剪：勾选该复选框后，可以分别设置近端剪辑和远端修剪的参数。
- 近端剪辑｜远端修剪：用于设置近距和远距平面。
- 显示视锥：可以显示摄像机视野定义的锥形光线。
- 景深映射—前景模糊｜背景模糊：勾选该复选框后，可以增加摄像机的景深效果。
- 开始｜终点：勾选景深映射—前景模糊｜背景模糊复选框后，才会激活该选项，用于设置摄像机景深的起始位置。

5.5.2 目标摄像机

"目标摄像机"比"摄像机"使用起来更灵活，可以通过设置目标的位置改变摄像机的视角。

5.5.3 立体摄像机

在菜单栏中执行"创建"｜"摄像机"｜"立体摄像机"命令。立体摄像机是一种特殊的摄像机类型，可以用于创建3D立体影像。与普通摄像机不同的是，它可以同时拍摄两个略有不同的图像，分别对应左眼和右眼的视角，从而创建出一幅立体图像，产生非常逼真的3D效果。

5.5.4 运动摄像机

在菜单栏中执行"创建"｜"摄像机"｜"运动摄像机"命令。运动摄像机是一种可以模拟相机运动的特殊摄像机类型。它可以在三维空间中自由移动、旋转、缩放和变换，从而创建出非常动态和生动的影像；可以实现相机随着物体移动、跟随物体旋转或者在空间中自由飞行等效果，从而更加灵活地展示场景或物体的运动和变化。

5.5.5 摄像机变换

创建两个或多个摄像机之后，使用"摄像机变换"即可制作摄像机切换动画。

（1）创建两个"摄像机"，并选择这两个摄像机，在菜单栏中执行"创建"｜"摄像机"｜"摄像机变换"命令，如图5-17所示。

图 5-17

（2）此时确保"变换摄像机"后方处于激活状态圆，并设置"混合"为"0%"，如图5-18所示。

图 5-18

（3）当前的视角，效果如图5-19所示。

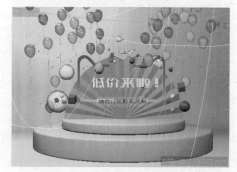

图 5-19

（4）增大"混合"数值，可以看到摄像机的视角逐渐向另外一个视角切换，如图5-20所示。

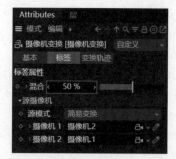

图 5-20

（5）当前的视角，效果如图5-21所示。

图 5-21

（6）增大"混合"数值至"100%"，可以看到摄像机的视角已经彻底变为另外一个摄像机的视角了，如图5-22所示。

图 5-22

（7）当前的视角，效果如图5-23所示。

图 5-23

5.5.6 摇臂摄像机

在菜单栏中执行"创建"｜"摄像机"｜"摇臂摄像机"命令。它是一种可以模拟真实摄像机运动的特殊摄像机类型，可以在三维空间中自由移动、旋转、缩放和变换，同时还可以通过模拟摇臂杆的运动来模拟真实世界中摄像机的操作方式。

5.6 实操：为作品创建摄像机

文件路径：资源包\案例文件\第5章 渲染设置和摄像机\实操：为作品创建摄像机

本案例先调整视图位置，然后在当前视角创建"摄像机"，从而固定了渲染角度。案例效果如图5-24所示。

图 5-24

5.6.1 项目诉求

本案例需要为场景设计一个适合的渲染角度，要求构图有设计感。

5.6.2 设计思路

本案例创建了摄像机视角，使得渲染效果呈现出"对角线"式构图方式。"对角线"式构图是一种常用的视觉艺术表现手法，通过将重要的视觉元素沿一条或多条对角线排列，创造出动态和景深效果，同时引导观者的视线跟随对角线移动，从而达到突出重点、引导视线的目的。这种构图方式既可以带来动态的视觉效果，又能够提供空间景深效果，适用于各种设计领域。

5.6.3 项目实战

（1）执行"文件"｜"打开"命令，

打开本案例对应的场景文件"01.c4d"，如图5-25所示。

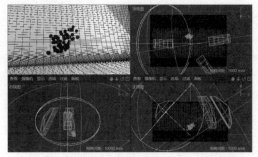

图 5-25

（2）进入透视视图，按住Alt键拖曳鼠标旋转视图，滑动鼠标滚轮缩放视图，按住Alt键并拖曳鼠标，将视图调整至当前效果，如图5-26所示。

图 5-26

（3）执行"创建"｜"摄像机"｜"摄像机"命令，在视图中创建摄像机，如图5-27所示。

图 5-27

（4）单击"摄像机"后方的█，使其变为█，如图5-28所示。

图 5-28

（5）选中刚刚创建的摄像机，在属性面板中选择"对象"，在"对象属性"区域中设置"焦距"为"60"、"视野范围"为"33.398°"、"视野（垂直）"为"22.62°"，如图5-29所示。

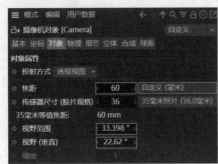

图 5-29

（6）在工具栏中单击"编辑渲染设置"按钮，或按Ctrl+B组合键，打开"渲染设置"窗口。在"渲染器"右侧下拉列表中选择"物理"选项，然后单击右侧"输出"选项区域，设置"宽度"为"1200"、"高度"为"800"，如图5-30所示。

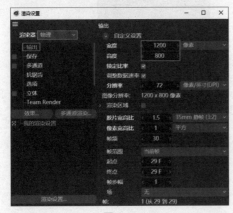

图 5-30

（7）单击左侧的"抗锯齿"选项，设置"过滤"为"Mitchell"，如图5-31所示。

图 5-31

（8）单击左侧的"效果"选项，添加"环境吸收"，如图5-32所示。

图 5-32

（9）在"环境吸收"中设置"最大光线长度"为"1500mm"、"精度"为"50%"、"对比度"为"-10%"，如图5-33所示。

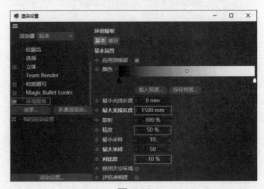

图 5-33

Cinema 4D R25 三维建模设计案例教程（全彩慕课版）

（10）设置完成后，单击工具栏中的"渲染到图片查看器"按钮 ▣。本案例制作完成，效果如图5-34所示。

图 5-34

5.7 扩展练习：为作品创建摄像机

文件路径：资源包案例文件第5章渲染设置和摄影机扩展练习：为作品创建摄像机

本例先调整视图位置，然后在当前视角创建"摄像机"，从而固定了渲染角度。案例如图5-35所示。

图 5-35

5.7.1 项目诉求

本案例需要为场景设计一个适合的渲染角度，要求体现出产品的形象，让人感觉专业、严谨。

5.7.2 设计思路

本案例创建了摄像机视角，使得渲染效果呈四平八稳的水平直视角度，将三款不同颜色的化妆品在画面中居中对称展示，体现出产品严谨、专业、完美的形象。这种布局方式突出了产品的完美与细节，使人感受到品牌的专业与精致。

5.7.3 项目实战

（1）执行"文件"｜"打开"命令，打开本案例对应的场景文件"02.c4d"，如图5-36所示。

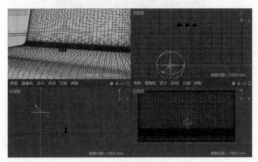

图 5-36

（2）进入透视视图，按住Alt键拖曳鼠标旋转视图，滑动鼠标滚轮缩放视图，按住Alt键拖曳鼠标，将视图调整至当前效果，如图5-37所示。

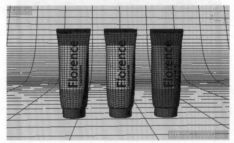

图 5-37

（3）执行"创建"｜"摄像机"｜"摄像机"命令，在视图中创建摄像机，如图5-38所示。

图 5-38

（4）单击"摄像机"后方的 ▣，使其变为 ▣，如图5-39所示。

图 5-39

（5）选中刚刚创建的摄像机，在属性面板中选择"对象"，在"对象属性"区域中设置"焦距"为"60"、"视野范围"为"33.398°"、"视野（垂直）"为"22.62°"，如图5-40所示。

图 5-40

（6）在工具栏中单击"编辑渲染设置"按钮，或按Ctrl+B组合键，打开"渲染设置"窗口。在"渲染器"右侧下拉列表中选择"物理"选项，然后单击右侧"输出"选项区域，设置"宽度"为"1200"、"高度"为"800"，如图5-41所示。

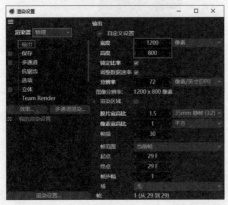

图 5-41

（7）单击左侧的"抗锯齿"选项，将"过滤"设置为"Mitchell"，如图5-42所示。

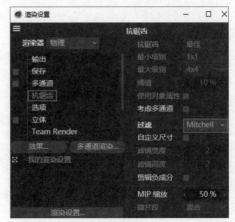

图 5-42

（8）单击左侧的"效果"选项，添加"全局光照"，如图5-43所示。

图 5-43

（9）在右侧"全局光照"选项区域中设置"预设"为"自定义"、"主算法"为"辐照缓存"、"次级算法"为"辐照缓存"，如图5-44所示。

图 5-44

（10）设置完成后，单击工具栏中的"渲染到图片查看器"按钮。本案例制作完成，效果如图5-45所示。

图 5-45

5.8 课后习题

一、选择题

1. 在Cinema 4D中进行渲染设置时，单击"效果"选项，添加哪种效果可以使渲染时光线更均匀？（　　）

   A. 对象辉光

   B. 色彩校正

   C. 镜头失真

   D. 全局光照

2. 在Cinema 4D中渲染时可用的渲染设置包括哪种？（　　）

   A. 输出

   B. 保存

   C. 抗锯齿

   D. 以上三项都正确

二、填空题

1. 在Cinema 4D中，＿＿＿＿＿＿＿是指将场景渲染到图像或视频中的过程。

2. 在Cinema 4D中，用于创建相机视角的工具是＿＿＿＿＿＿。

三、判断题

1. 创建两个或多个摄像机之后，使用"摄像机变换"即可制作摄像机切换动画。（　　）

2. 单击"渲染活动视图"按钮，可以在独立的窗口中进行渲染，并可以手动保存图像。（　　）

课后实战

● 创建合适的摄像机视角

作业要求：应用本章所学的知识，把自己已经做好的场景加入摄像机，并调整到适合渲染的视角。

第6章

灯光

Cinema 4D 中提供了多种不同类型的灯光，用于在 3D 场景中模拟现实世界中的不同光照效果。在 Cinema 4D 中，用户可以将这些不同类型的灯光组合起来，以创建逼真的光照效果，并通过调整光源的属性，控制场景中的阴影、反射和高光等视觉效果。

本章要点

📁 知识要点

❖ 灯光的类型
❖ 灯光的应用

6.1 灯光概述

在菜单栏中执行"创建"｜"灯光"命令，即可看到九种类型，如图6-1所示。这些灯光都可以应用于模型对象，使模型产生光影。

图 6-1

"灯光"类型是由一个点向外均匀发散光照效果。图6-2所示为创建"灯光"的效果。

图 6-2

1. 常规

Cinema 4D中灯光的参数是通用的，如图6-3所示。

图 6-3

- 颜色：用于设置灯光的颜色。默认为白色。
- 强度：用于控制灯光的强弱程度。
- 类型：用于设置灯光的类型。灯光有泛光灯、聚光灯、远光灯、区域光、四方聚光灯、平行光、圆形平行聚光灯、四方平行聚光灯和IES共九种类型。
- 投影：用于设置灯光的阴影效果。它包括无、阴影贴图（软阴影）、光线跟踪（强烈）和区域四种情况。图6-4所示为无和阴影贴图（软阴影）的对比效果。

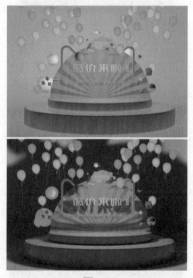

图 6-4

- 可见灯光：用于设置可见灯光的类型。它包含无、可见、正向测定体积和反向测定体积共四种类型。
- 没有光照：勾选该复选框后，该灯光会失去照明功能。图6-5所示为勾选和取消勾选该复选框的对比效果。
- 显示光照：可以显示灯光的线框。
- 环境光照：勾选该复选框后，整个模型表面的光照是均匀的。
- 漫射：当取消勾选该复选框后，视图中的物体本来的颜色被忽略掉，会突出灯光光泽部分。
- 显示修剪：可以修剪灯光。
- 高光：灯光投射在物体上会有高光。

- **GI照明**：称为全局光照，勾选该复选框可以使场景灯光照射效果更均匀。

图 6-5

2. 细节

当灯光类型为"泛光灯"时，激活的参数比较少，如图6-6所示。

图 6-6

- **对比**：用于控制灯光明暗过渡的对比效果。
- **投影轮廓**：用于设置投影的轮廓效果。
- **衰减**：用于设置灯光的衰减类型。它包括无、平方倒数（物理精度）、线性、步幅和倒数立方限制，默认情况下衰减为无。
- **内部半径**：用于调节衰减程度的大小。当衰减类型为线性时，才会修改内部半径的数值。
- **半径衰减**：用于调节衰减程度的大小。

- **使用渐变 | 颜色**：用于设置颜色的渐变效果。当勾选"使用渐变"复选框时，可以调节颜色的渐变效果。
- **近处修剪 | 远处修剪**：用于设置该灯光的照射范围。

3. 可见

"可见"属性选项栏如图6-7所示。

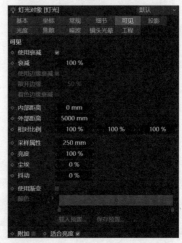

图 6-7

- **使用衰减**：勾选该复选框后，可以设置衰减和内部距离等。
- **衰减**：用于设置衰减的大小。默认为100%。
- **内部距离**：用于控制灯光的内部距离。
- **外部距离**：用于控制灯光的外部距离。
- **相对比例**：用于设置灯光在X、Y、Z轴上的比例。只有当灯光类型为泛光灯时，才可以进行比例的修改。
- **采样属性**：可以决定阴影内平均有多少个区域。
- **亮度**：用于调节光线的亮度。

4. 投影

投影用于设置灯光的阴影效果，如图6-8所示。

- **阴影贴图（软阴影）**：该方式的阴影边缘会产生逐步柔和的效果，如图6-9所示。
- **光线跟踪（强烈）**：该方式的阴影效果更坚硬，如图6-10所示。
- **区域**：该方式可以使阴影更柔和，如图6-11所示。

图 6-8

图 6-9

图 6-10

图 6-11

5. 光度

光度用于设置光度强度和单位,查看灯

光信息,如图6-12所示。

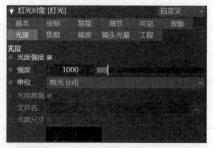

图 6-12

- 光度强度:勾选该复选框后,可以设置灯光的强度和单位。
- 强度:用于设置灯光的强度。
- 单位:可以指定灯光的发光单位,分为流明(lm)和烛光(cd)两种。
- 光度数据 | 文件名:可以在视图中添加灯光文件位置。

6. 焦散

焦散可以产生增强材质表面的反射、折射质感。要想产生焦散效果,需要勾选"表面焦散"复选框,还需要在"渲染设置"中添加"焦散",如图6-13所示。

图 6-13

焦散效果如图6-14所示。

图 6-14

- 表面焦散:勾选该复选框后,可以设置表面焦散的能量、光子。

- 能量：用于设置焦散能量的大小。
- 光子：用于设置焦散光子的数量。
- 体积焦散：勾选该复选框后，可设置体积焦散的能量、光子。

7. 噪波

当设置"噪波"选项栏中的类型时，可以产生不同的光照效果，如图6-15所示。

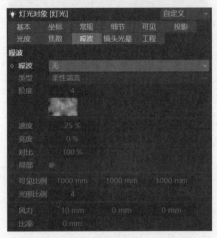

图 6-15

8. 镜头光晕

镜头光晕用于设置灯光光晕的效果，如图6-16所示。

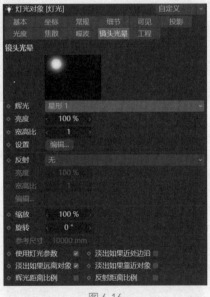

图 6-16

9. 工程

工程用于设置灯光是否照射在物体上，如图6-17所示。

图 6-17

6.2 聚光灯

"聚光灯"可以模拟灯光从一个点向外照射一个范围，常作为舞台灯光、筒灯使用，如图6-18所示。

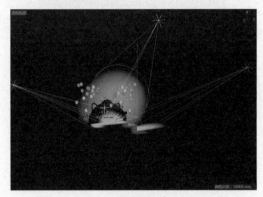

图 6-18

三盏不同颜色的"聚光灯"的渲染效果如图6-19所示。

图 6-19

1. 常规

当视图中创建的灯光为聚光灯时，在常规属性下，显示类型为聚光灯，如图6-20所示。

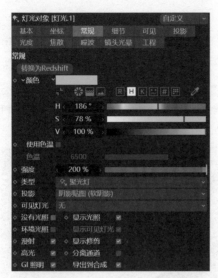

图 6-20

- 显示光照：可以显示灯光的线框。当灯光类型为聚光灯时，勾选该复选框可以显示其线框。

2. 细节

当灯光类型为"聚光灯"时，参数基本都被激活，如图6-21所示。

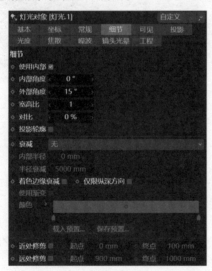

图 6-21

- 使用内部：勾选该复选框后，可以激活内部角度的参数。
- 内部角度｜外部角度：用于设置灯光的边缘效果。图6-22所示为设置"外部角度"为10°和25°的对比效果。
- 宽高比：用于设置灯光的宽高比例。

图 6-22

6.3 目标聚光灯

"目标聚光灯"可以产生一个锥形的照射区域，区域以外的对象不会受到灯光的影响。"目标聚光灯"由灯光和目标点组成。因此该灯光比"聚光灯"的照射角度更灵活、更方便，其他功能与"聚光灯"几乎一致。

6.4 区域光

"区域光"可以模拟较为真实的、柔和的光照效果，如图6-23所示。

图 6-23

"区域光"的渲染效果如图6-24所示。

图 6-24

当灯光为区域光时，细节参数如图6-25所示。

图 6-25

区域光的重要参数。

- 外部半径：用于设置灯光的半径数值。数值越大，灯光的尺寸越大。
- 形状：分为圆盘、矩形、直线、球体、圆柱、圆柱（垂直的）、立方体、半球体和对象｜样条共9种。
- 水平尺寸｜垂直尺寸｜纵深尺寸：用于设置区域光在X、Y、Z轴上的大小。
- 增加颗粒（慢）：勾选该复选框渲染速度变慢，但是该灯光效果更精细。
- 渲染可见：在渲染中可以显示灯光。
- 在视窗中显示为实体：在视窗中灯光显示为实体。
- 在高光中显示：可以显示灯光的高光效果。
- 反射可见：可以显示灯光的反射效果。
- 可见度增加：可以增加灯光的可见度。

6.5 PBR 灯光

PBR的全称是"基于物理的渲染"。PBR灯光是区域光中的一种，可以模拟类似区域光的灯光效果，如图6-26所示。"PBR灯光"的渲染效果如图6-27所示。

图 6-26

图 6-27

6.6 IES 灯光

"IES灯光"可以为灯光加载ies文件，使其产生射灯效果。在菜单栏中执行"创建"｜"灯光"｜"IES灯"，在弹出的对话框中选择"全部文件"，并选择合适的ies文件，如图6-28所示。

图 6-28

"IES灯光"的渲染效果如图6-29所示。

图 6-29

6.7 无限光

"无限光"是一种基于物理的光源类型，可以模拟无限远处的光源，如太阳或者天空中的光线，如图6-30所示。

图 6-30

"无限光"的渲染效果如图6-31所示。

图 6-31

6.8 日光

"日光"可以模拟真实的太阳光照效果，并通过设置时间修改日光的光照时间，如深夜、正午、黄昏等。

图6-32所示为设置时间。渲染效果如图6-33所示。

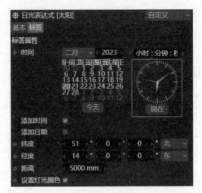

图 6-32

图 6-33

图6-34所示为设置时间。渲染效果如图6-35所示。

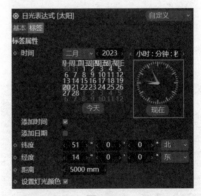

图 6-34

图 6-35

当灯光为日光时，在属性面板中增加了太阳选项栏。

- 名称：可以为表达式命名。
- 图层：可以给表达式添加图层。
- 时间｜添加时间｜添加日期：用于设置日光照射的时间。
- 纬度｜经度：用于设置日光照射的位置。
- 距离：用于设置日光与照射物体的距离。
- 设置灯光颜色：勾选该复选框可以修改日光的颜色。

6.9 物理天空

"物理天空"可以通过调整在创建中的位置及参数渲染真实的天空效果。图6-36所示为"物理天空"的位置。

图 6-36

"物理天空"的参数如图6-37所示。

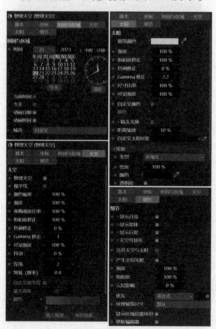

图 6-37

"物理天空"的渲染效果如图6-38所示。

图 6-38

6.10 实操：使用"区域光"制作产品灯光

文件路径：资源包\案例文件\第6章 灯光\实操：使用"区域光"制作产品灯光

本案例使用"区域光"制作主灯光和辅助光源。案例效果如图6-39所示。

图 6-39

6.10.1 项目诉求

本案例是一款化妆品的广告项目，重点在于画面的渲染效果和灯光质感，要求能够展现出柔和、干净的美感，凸显出化妆品品牌的特质。

6.10.2 设计思路

在场景搭建上，采用梦幻的手法，将化妆品轻盈地置于空中飘动的白色玫瑰花瓣之上，象征着产品的轻盈与优雅。在灯光上，采用柔和的光线增强产品的温馨感和亲切感，使观者能够从中感受到品牌的独特温度。在配色上，选择了与化妆品同一色系的背景色调，并与白色的玫瑰花朵相辅相成，旨在通过这种颜色的对比，凸显出化妆品的独特魅力和品牌的核心价值。整个设计的目标是创造出一种既梦幻又高雅的氛围，使产品本身和其所带来的美感成为广告的焦点。

6.10.3 项目实战

1. 设置渲染器参数

（1）执行"文件"|"打开"命令，打开本案例对应的场景文件"01.c4d"，如图6-40所示。

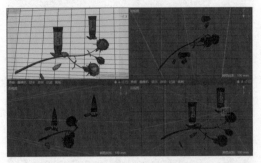

图 6-40

（2）单击工具栏中的 ▦（编辑渲染设置）按钮，开始设置渲染参数。在"渲染器"右侧的下拉列表中选择"物理"，如图6-41所示。

图 6-41

（3）单击左侧的"效果"选项，添加"全局光照"，如图6-42所示。

（4）单击右侧的"输出"选项区域，设置输出尺寸，如图6-43所示。

（5）单击左侧的"抗锯齿"选项，在右侧"抗锯齿"选项区域中设置"过滤"为"Mitchell"，如图6-44所示。

图 6-42

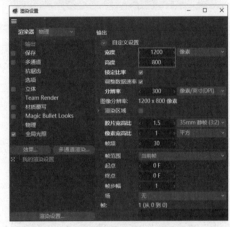

图 6-43

图 6-44

（6）单击左侧的"物理"选项，在右侧"采样器"选项区域的下拉列表中选择"递增"选项，如图6-45所示。

图 6-45

（7）勾选左侧"全局光照"复选框，在右侧"全局光照"选项区域中设置"预设"为"自定义"、"次级算法"为"辐照缓存"，如图6-46所示。

图 6-46

2. 使用"灯光"制作产品灯光效果

（1）在菜单栏中执行"创建"Ｉ"灯光"Ｉ"区域光"命令，选择右侧属性栏中的"常规"选项卡，设置"颜色"为"白色"、"强度"为"50%"、"投影"为"无"，继续在右侧属性栏中设置"细节"中的"外部半径"为"100mm"、"宽高比"为"1"、"对 比"为"0%"、"形 状"为"矩 形"、"水平尺寸"为"200mm"、"垂直尺寸"为"200mm"、"纵深尺寸"为"200mm"、"衰减"为"平方倒数（物理精度）"、"半径衰减"为"600mm"，如图6-47所示。

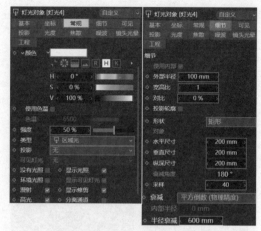

图 6-47

（2）"灯光4"的位置如图6-48所示。

图 6-48

（3）单击"渲染到图像查看器"按钮，此时效果如图6-49所示。

图 6-49

（4）再次在菜单栏中执行"创建"Ｉ"灯光"Ｉ"区域光"命令，选择右侧属性栏中的"常规"选项卡，设置"颜色"为"白色"、"强度"为"90%"、"类型"为"区域光"、"投影"为"区域"，继续选择右侧属性栏中的"细节"选项卡，设置"外部半径"为"1175mm"、"宽高比"为"1"、"对比"为"0%"、"形状"为"矩形"、"水平尺寸"

为 "2350mm"、"垂直尺寸" 为 "7030mm"、"采样" 为 "40"、"衰减" 为 "平方倒数（物理精度）"、"半径衰减" 为 "10310mm"，如图6-50所示。

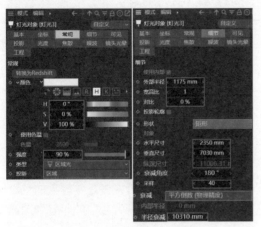

图 6-50

（5）"灯光3" 的位置如图6-51所示。

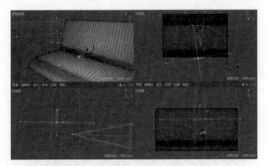

图 6-51

（6）单击 "渲染到图像查看器" 按钮，此时效果如图6-52所示。

图 6-52

（7）在菜单栏中执行 "创建" | "灯光" | "区域光" 命令，在右侧属性栏中选择 "常规" 选项卡，设置 "颜色" 为 "白色"、"强度" 为 "26%"、"类型" 为 "区域光"、"投影" 为 "区域"，继续在右侧属性栏选择 "细节" 选项卡，设置 "外部半径" 为 "1175mm"、"宽高比" 为 "1"、"对比" 为 "0%"、"形状" 为 "矩形"、"水平尺寸" 为 "2350mm"、"垂直尺寸" 为 "10000mm"、"采样" 为 "40"、"衰减" 为 "平方倒数（物理精度）"、"半径衰减" 为 "23160mm"，如图6-53所示。

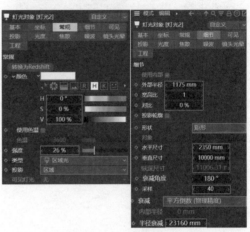

图 6-53

（8）"灯光2" 的位置如图6-54所示。

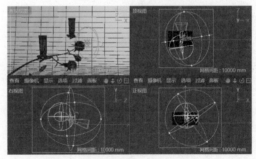

图 6-54

（9）单击 "渲染到图像查看器" 按钮，此时效果如图6-55所示。

图 6-55

（10）在"对象 | 场次 | 内容浏览器 | 构造"面板中选择"灯光.3"，按Ctrl+C组合键和Ctrl+V组合键进行复制和粘贴。接着将复制后灯光的"强度"修改为"60%"。该灯光的位置如图6-56所示。

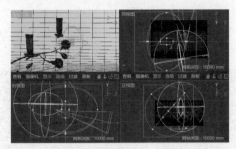

图 6-56

（11）在工具栏中单击"渲染到图片查看器"按钮，效果如图6-57所示。

图 6-57

6.11 实操：使用"日光"制作太阳光

文件路径：资源包\案例文件\第6章\灯光\实操：使用"日光"制作太阳光

本例使用"物理天空"制作自然的太阳光效果，使用"日光"制作真实投射在左侧墙面上的太阳光。案例效果如图6-58所示。

图 6-58

6.11.1 项目诉求

本案例是一个音乐节宣传海报项目，要求以三维的形式展现出"2077音乐节"的独特魅力，并适当融入音乐或潮流元素，以满足年轻人的审美需求。

6.11.2 设计思路

在场景搭建上，选用了三维文字"2077音乐节"作为主体，并环绕音符、相机、场记板等元素形成"放射式"构图，这样的设计旨在更加突出音乐节的主题。在光影处理上，采用了强烈的灯光和阴影效果，以产生清晰的对比变化，增加作品的立体感。在配色上，选择了潮流的蓝色和粉色搭配，通过色彩分割画面，并以小面积的点缀色作为装饰，这种色彩的选择旨在满足年轻人的色彩审美，从而进一步强调音乐节的年轻和潮流气质。

6.11.3 项目实战

1. 设置渲染器参数

（1）执行"文件" | "打开"命令，打开本案例对应的场景文件"02.c4d"，如图6-59所示。

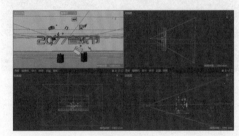

图 6-59

（2）单击工具栏中的"编辑渲染设置"按钮，开始设置渲染参数。这里设置"渲染器"为"物理"，如图6-60所示。

图 6-60

（3）单击左侧的"效果"选项，添加"全局光照"，如图6-61所示。

图 6-61

（4）单击左侧的"输出"选项，在右侧的"输出"选项区域中设置输出尺寸，如图6-62所示。

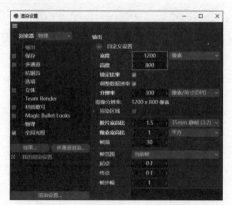

图 6-62

（5）单击左侧的"抗锯齿"选项，在右侧的"抗锯齿"选项区域中设置"过滤"为"Mitchell"，如图6-63所示。

图 6-63

（6）单击左侧的"物理"选项，在右侧的"物理"选项区域中设置"采样器"为"递增"，如图6-64所示。

图 6-64

（7）单击左侧的"全局光照"选项，在右侧的"全局光照"选项区域中设置"预设"为"自定义"、"主算法"为"准蒙特卡罗（QMC）"、"次级算法"为"辐照缓存"，如图6-65所示。

图 6-65

2. 使用"灯光"制作广告日光效果

（1）在工具栏中长按"灯光"按钮，在"灯光"工具组中选择"日光"工具，如图6-66所示。

图 6-66

（2）选择"对象 | 场次"面板中的"日光"，进入"太阳"，设置"纬度"为"40,0,0"、"经度"为"78,0,0"、"距离"为"8000mm"，并选择某一天及当天的时间，如图6-67所示。

图 6-67

（3）选择"常规"选项卡，设置"颜色"为"白色"、"强度"为"138.245%"，如图6-68所示。

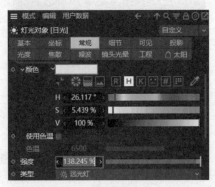

图 6-68

（4）此时"日光"在场景中的位置如图6-69所示。

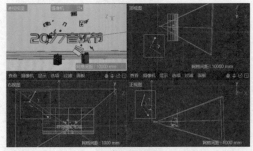

图 6-69

（5）在工具栏中单击"渲染到图片查看器"按钮，效果如图6-70所示。

图 6-70

6.12 实操：使用"物理天空"制作阳光

文件路径：资源包\案例文件\第6章 灯光\实操：使用"物理天空"制作阳光

本案例使用"物理天空"制作自然的太阳光效果。案例效果如图6-71所示。

图 6-71

6.12.1 项目诉求

本案例是一个创意图标动画效果项目，要求表现出画面的活泼灵动，同时灯光效果应简洁、明亮，增强整体视觉冲击力。

6.12.2 设计思路

在场景搭建上，选择了创新的方式，使多只纸飞机从画框向外飞舞，形成了一种动态的视觉效果。在灯光设计上，采用了强烈且明亮的光线，使整个画面更为生动、有趣。在配色上，选择了大面积的蓝色作为背景，搭配小面积的橙色以及白色的纸飞机，形成"面积对比"，既保证了色彩的统一性，又增强了视觉冲击力，使整个画面既富有创意，又充满活力。

6.12.3 项目实战

1. 设置渲染器参数

（1）执行"文件"｜"打开"命令，打开本案例对应的场景文件"03.c4d"，如图6-72所示。

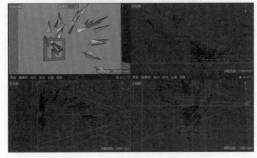

图 6-72

（2）单击工具栏中的"编辑渲染设置"按钮，开始设置渲染参数。这里设置"渲染器"为"物理"，如图6-73所示。

图 6-73

（3）单击左侧的"效果"选项，添加"全局光照"，如图6-74所示。

图 6-74

（4）单击左侧的"输出"选项，在右侧的"输出"选项区域中设置输出尺寸，如图6-75所示。

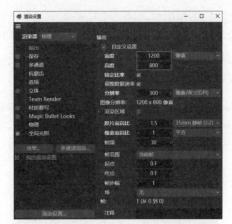

图 6-75

（5）单击左侧的"抗锯齿"选项，在右侧的"抗锯齿"选项区域中设置"过滤"为"立方（静帧）"，如图6-76所示。

图 6-76

（6）单击左侧的"物理"选项，在右侧的"物理"选项区域中设置"采样器"为"递增"，如图6-77所示。

图 6-77

（7）单击左侧的"全局光照"选项，在右侧的"全局光照"选项区域中设置"预设"为"自定义"、"主算法"为"辐照缓存"、"次级算法"为"辐照缓存"，如图6-78所示。

图 6-78

2. 创建物理天空

（1）为了让场景有更好、更均匀的灯光照射效果，除了需要创建灯光以外，还需要创建"物理天空"。在图6-79所示菜单栏中执行"创建"｜"灯光"｜"物理天空"命令。

图 6-79

（2）选择"对象｜场次｜内容浏览器｜构造"面板中的"物理天空"，进入"时间与区域"，设置时间，如图6-80所示。

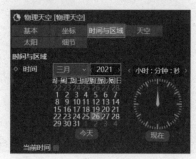

图 6-80

（3）选择"天空"选项卡，设置"强度"为"200%"，如图6-81所示。

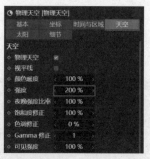

图 6-81

（4）此时单击"渲染活动视图"按钮，可以看到产生了很真实的太阳光照效果，如图6-82所示。

图 6-82

6.13 扩展练习：使用"IES灯光"制作室内射灯

文件路径：资源包案例文件第6章 灯光扩展练习：使用"IES灯光"制作室内射灯

本案例使用"IES灯光"制作射灯，使用"区域光"制作辅助光。案例效果如图6-83所示。

图 6-83

6.13.1 项目诉求

本案例是一个室内空间设计的夜景表现项目，要求通过设计有效地表现出夜晚的光照效果，包括色彩的冷暖变化和墙面的灯光层次质感等，以展示出室内空间在夜晚的独特魅力。

6.13.2 设计思路

在场景搭建上，采取了简约的陈列布局，将椅子放置在画面的偏左侧，挂画则位于画面的偏右侧，这种布局方式使画面的视觉效果更为平衡。在灯光上，选择了冷暖色调的对比，结合射灯效果来丰富墙面的灯光层次质感，这样的设计旨在更好地体现夜晚的光照效果，进一步凸显室内空间的美感。

6.13.3 项目实战

1. 设置渲染器参数

（1）执行"文件"｜"打开"命令，打开本案例对应的场景文件"04.c4d"，如图6-84所示。

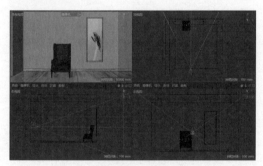

图 6-84

（2）单击工具栏中的"编辑渲染设置"按钮，开始设置渲染参数。在"渲染器"右侧的下拉列表中选择"物理"选项，如图6-85所示。

图 6-85

（3）单击左侧的"效果"选项，添加"全局光照"，如图6-86所示。

图 6-86

（4）单击左侧的"输出"选项，在右侧的"输出"选项区域中设置输出尺寸，如图6-87所示。

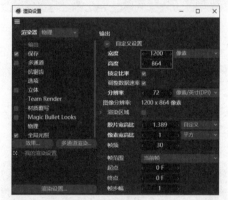

图 6-87

（5）单击左侧的"抗锯齿"选项，在右侧的"抗锯齿"选项区域中设置"过滤"为"Mitchell"，如图6-88所示。

图 6-88

（6）单击左侧的"物理"选项，在右侧的"物理"选项区域中设置"采样器"为"递增"，如图6-89所示。

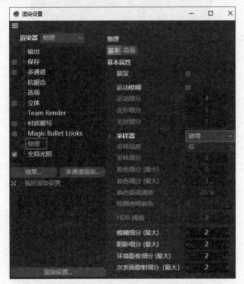

图 6-89

（7）单击左侧的"全局光照"选项，在右侧的"全局光照"选项区域中设置"预设"为"自定义"、"主算法"为"准蒙特卡罗（QMC）"、"次级算法"为"光子贴图"，如图6-90所示。

图 6-90

2. 使用 IES 灯光制作射灯

（1）在工具栏中长按"灯光"按钮 ，在灯光工具组中选择 IES灯... 工具，如图6-91所示。

（2）单击 IES灯... 按钮，弹出"请选择IES文件"窗口，选择"01.ies"文件，完成IES灯光的创建，如图6-92所示。

图 6-91

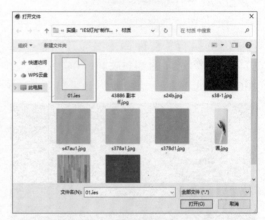

图 6-92

（3）在前视图中创建一盏IES灯光，将其命名为"灯光"，在"对象｜场次｜内容浏览器｜构造"面板中选择"灯光"，选择"常规"标签，在"常规"选项卡中设置"颜色"为淡黄色、"强度"为"2%"、"投影"为"阴影贴图（软阴影）"，如图6-93所示。

图 6-93

（4）选择"光度"标签，在"光度"选项卡中设置"强度"为"31324.8"，如图6-94所示。

图 6-94

（5）其具体位置和角度如图6-95所示。

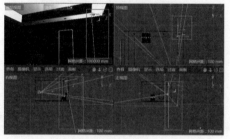

图 6-95

（6）使用相同的方法再次制作三个"IES灯光"，并将其放置在合适的位置，如图6-96所示。

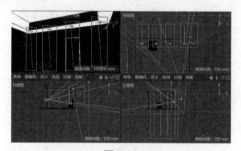

图 6-96

（7）单击"渲染到图像查看器" 按钮，此时效果如图6-97所示。

图 6-97

3. 使用区域光制作辅助光

（1）在工具栏中长按"灯光"按钮 ，在"灯光"工具组中选择 区域光 工具，如图6-98所示。

图 6-98

（2）在前视图中创建一盏区域光，将其命名为"灯光.5"，在"对象｜场次｜内容浏览器｜构造"面板中选择"灯光.5"。选择"常规"标签，在"常规"选项卡中设置"颜色"为"蓝紫色"、"强度"为100%，如图6-99所示。

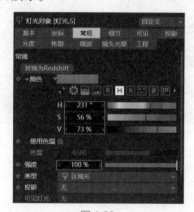

图 6-99

（3）选择"细节"标签，在"细节"选项卡中设置"外部半径"为199mm、"水平尺寸"为398mm、"垂直尺寸"为357mm，如图6-100所示。

（4）其具体位置如图6-101所示。

（5）在工具栏中单击"渲染到图片查看器"按钮 ，效果如图6-102所示。

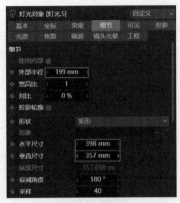

图 6-100

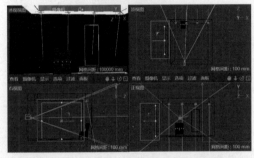

图 6-101

图 6-102

6.14 课后习题

一、选择题

1. Cinema 4D中的灯光类型包括哪些?(　　)

    A. 聚光灯、区域光、日光

    B. 目标平行光、球形光、方形光

    C. 直线光、平面光和柱形光

    D. 椭圆光、矩形光和三角形光

2. Cinema 4D中哪种灯光类型不能模拟较为真实的阳光效果?(　　)

    A. 无限光

    B. 日光

    C. 物理天空

    D. IES灯光

二、填空题

1. Cinema 4D中的灯光可以应用于_____对象。

2. Cinema 4D中的灯光可以使用_____类型的阴影。

三、判断题

1. Cinema 4D的场景中仅仅只能创建使用一个灯光。(　　)

2. "区域光"可以模拟较为真实的、柔和的光照效果。(　　)

课后实战

● 化妆品产品柔和、洁净的灯光布置

作业要求:请选择适当的灯光类型,运用本书第3章的模型或自建模型,对化妆品产品模型进行灯光布置。需要通过细心的调整,使最终渲染出来的效果显得非常柔和、洁净,符合常见的化妆品广告的光感效果。

第**7**章

材质和贴图

本章要点

"材质"是由不同的属性组成的，包括颜色、漫射、发光、透明等。这些属性可以被组合在一起，用于创建逼真的材质。例如，一个金属球体的材质可以包括金属的反射、光泽和颜色属性。而"贴图"则是将图像或图案应用于模型表面的某个属性中，如凹凸。

⭐ **知识要点**

❖ 材质和贴图

❖ 材质编辑器

7.1 材质初步

材质是用于描述物体表面外观和质感的属性。每个材质都包括一个或多个属性，如颜色、纹理、反射率、透明度、光泽度等。这些属性控制着物体表面的光学特性，影响着物体在光照下的外观。

7.2 材质管理器和材质编辑器

单击"材质管理器"按钮，即可打开材质管理器，如图7-1所示。

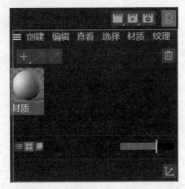

图 7-1

"材质编辑器"可用于创建、编辑和管理材质。双击材质球，即可打开"材质编辑器"面板，如图7-2所示。

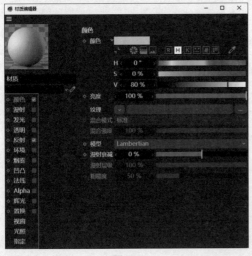

图 7-2

下面就可以设置材质了，如修改"颜色"参数，如图7-3所示。

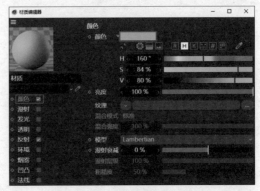

图 7-3

此时拖曳材质球到模型上，模型就有了刚才设置的材质，如图7-4所示。

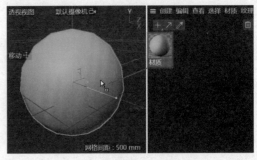

图 7-4

7.2.1 颜色

勾选左侧的"颜色"复选框，在右侧的"颜色"选项区域中可以修改材质的颜色，也可以添加贴图。其参数设置如图7-5所示。

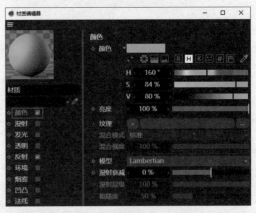

图 7-5

- 颜色：用于设置模型的颜色。
- 亮度：用于设置材质的颜色亮度。数值越大，渲染的材质越亮。

Cinema 4D R25 三维建模设计案例教程（全彩慕课版）

- 纹理：单击后方的∨按钮即可添加贴图。

7.2.2 漫射

"漫射"是投射在粗糙表面上的光向各个方向漫射的效果。其参数设置如图7-6所示。

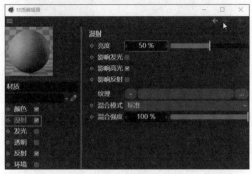

图 7-6

- 亮度：可以漫射表面的亮度。数值越大，越亮；数值越小，越暗。

7.2.3 发光

"发光"可以使材质产生发光发亮的颜色效果，常用于制作霓虹灯等。其参数设置如图7-7所示。

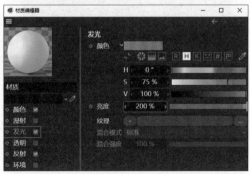

图 7-7

- 颜色：用于设置自发光的颜色。
- 亮度：用于设置发光的强度。

7.2.4 透明

"透明"可以设置材质的透明效果，并且可以设置折射率等。其参数设置如图7-8所示。

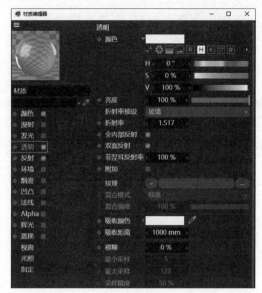

图 7-8

- 颜色：用于设置透明材质的颜色，渲染出的透明颜色会更均匀（即使模型的厚度不同）。
- 亮度：用于设置透明的程度。数值越大，越透明；数值越小，越不透明。
- 折射率预设：用于设置材质的折射率预设，如玻璃、啤酒、水等。
- 折射率：用于设置折射率数值。折射率设置得越精准，透明质感的材质越真实。图7-9所示为不同的折射率所表现的不同类型的材质效果。

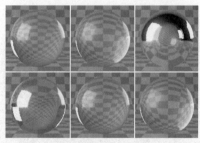

图 7-9

- 全内部反射：勾选该复选框可使用菲涅耳（Fresnel）反射率。
- 双面反射：可以控制是否具有双面反射效果。
- 菲涅耳折射率：当勾选"全内部反射"复选框后，才可用。用于设置反射程度。

- 吸收颜色：用于设置透明材质的颜色。渲染出的透明颜色受厚度变化而变化（即使模型的厚度不同）。图7-10所示为设置红色和蓝色的对比效果。

图 7-10

- 吸收距离：数值越小，渲染的颜色越深。图7-11所示为吸取距离为1000mm和200mm的对比效果。

图 7-11

7.2.5 反射

"反射"用于设置材质中的反射效果，使材质质感更强烈。通常制作反射感强的材质时，可以单击"添加"按钮，并设置合适的类型，如"反射（传统）"，如图7-12所示。

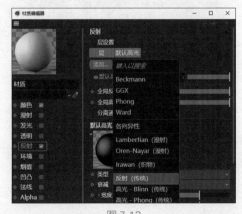

图 7-12

此时包括"层""默认高光""层1"三组参数，如图7-13所示。

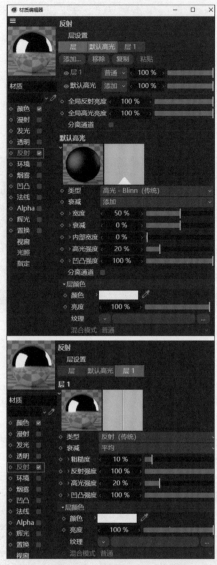

图 7-13

"层"的重点参数如下。

- 全局反射亮度：用于设置反射的强度。数值越大，反射越强。图7-14所示为设置"全局反射亮度"数值为100和300的对比效果。

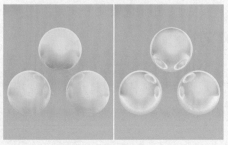

图 7-14

Cinema 4D R25 三维建模设计案例教程（全彩慕课版）

- 全局高光亮度：用于设置高光的强度、数值越大，高光部分越强。

"默认高光"的重点参数如下。

- 类型：用于设置高光的类型、图7-15所示为"反射（传统）"和"高光-Phong（传统）"的对比效果。

图 7-15

- 衰减：用于设置高光的衰减方式，包括添加、金属。
- 高光强度：用于设置高光区域的高光强度。
- 凹凸强度：用于设置材质凹凸的强度。

"层1"的重点参数如下。

- 类型：用于设置反射的类型、不同的类型反射效果不同。
- 衰减：用于设置衰减类型，包括评价、最大、添加、金属。不同的"衰减"会产生不同的反射衰减效果。
- 粗糙度：用于设置材质的粗糙程度、数值越小，越光滑；数值越大，越粗糙。图7-16所示为设置"粗糙度"为0和50的对比效果。

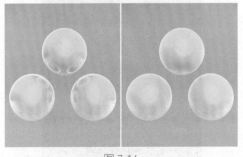

图 7-16

- 反射强度：用于设置反射强度、数值越大，反射越强。图7-17所示为设置数值为50和500的对比效果。

图 7-17

- 高光强度：用于设置材质表面的高光部分的强度，数值越大，高光越明显。
- 亮度：可以控制反射的强度。图7-18所示为设置数值为3和60的对比效果。

图 7-18

- 纹理：单击纹理后方的按钮可以加载贴图。
- 混合模式：添加"纹理"后，可以设置该参数。设置不同的混合模式会产生不同的效果。
- 混合强度：用于设置混合的强度。

7.2.6 环境

"环境"用于设置材质的环境效果，使具有反射的材质看起来像是处于某种环境中，材质的表面会反射出贴图的效果。

7.2.7 烟雾

"烟雾"用于设置材质看起来像是烟雾的半透明效果。

7.2.8 凹凸

"凹凸"用于设置材质产生凹凸起伏的纹理。其参数设置如图7-19所示。

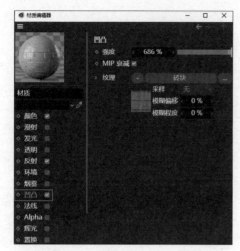

图 7-19

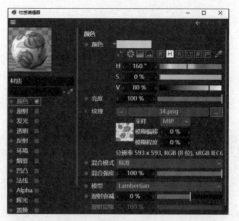

图 7-20

7.2.9 法线

"法线"用于设置材质的法线贴图。法线与凹凸类似，可以产生凹凸起伏的效果。

7.2.10 Alpha

"Alpha"用于设置Alpha的"颜色""反相""图像Alpha"等。

7.2.11 辉光

"辉光"用于制作材质的辉光效果。

7.2.12 置换

"置换"用于效果置换。

7.3 常用贴图类型

贴图是指材质表面的纹理样式。在不同属性上（如漫反射、反射、折射、凹凸等）加载贴图会产生不同的质感。

7.3.1 加载贴图

"位图"是贴图中使用较多的类型，可以简单理解为添加一张图片。

（1）选择"颜色"，单击"纹理"后方的 按钮，加载贴图，如图7-20所示。

（2）为制作好的材质赋给模型后，可以看到当前材质贴图的显示效果，如图7-21所示。

图 7-21

（3）单击"对象丨场次"中对象后方的"材质标签"按钮，能切换出材质标签中的参数，如图7-22所示。

图 7-22

Cinema 4D R25 三维建模设计案例教程（全彩慕课版）

- 投射：用于设置贴图的显示方式，包括UVW贴图、球状、平直、立方体、前沿、空间、收缩包裹、摄像机贴图。图7-23所示为设置为"UVW贴图""平直"的对比效果。

图 7-23

- 投射显示：用于设置投射的显示方式。
- 侧面：可以把贴图纹理设置方向，包括双面、正面、背面。
- 连续：可以控制贴图在模型上使用无缝对接效果。
- 偏移U、偏移V：用于设置贴图在模型上显示的位置在U（左右）和V（上下）方向上的偏移。
- 长度U、长度V：用于设置贴图在U和V方向上的拉伸效果。
- 平铺U、平铺V：用于设置贴图在U和V方向上重复的次数。图7-24所示为设置数值为1和10的对比效果。

图 7-24

（1）单击"对象 | 场次"中对象后方的"材质标签"按钮，设置合适的"投射"类型，如图7-25所示。

（2）此时激活"纹理"按钮，如图7-26所示。

（3）对"纹理"进行移动、旋转、缩放，此时纹理发生了变化，如图7-27所示。

图 7-25

图 7-26

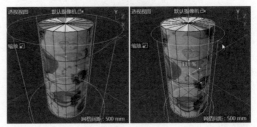

图 7-27

7.3.2 噪波

"噪波"可以产生两种颜色交替的波纹效果，如图7-28所示。

图 7-28

7.3.3 渐变

"渐变"可以产生多种颜色按照某种方式渐变的效果，如图7-29所示。

图 7-29

7.3.4 菲涅耳

"菲涅耳（Fresnel）"可以产生非常舒适的颜色渐变效果。除了在"颜色"中添加制作渐变的色彩变化外，还常在"反射"中添加，以制作光滑而柔和的反射过渡效果。渲染效果如图7-30所示。

图 7-30

7.3.5 颜色

"颜色"可以设置一种单一的颜色。

7.3.6 图层

在"图层"贴图中可以添加"图像""着色器""效果"等。

7.3.7 着色

在"着色"贴图中可以设置"输入""循环""纹理""渐变"效果。

7.3.8 背面

"背面"可以模拟背面贴图效果，其参数包括"纹理""色阶""过滤宽度"。

7.3.9 融合

"融合"可以制作贴图的融合效果，其参数包括"模式""混合""混合通道"等。

7.3.10 过滤

"过滤"的参数包括"纹理""色调""饱和度""明度"等。

7.3.11 MoGraph

"MoGraph"组中包括多重着色器、摄像机着色器、节拍着色器、颜色着色器四种贴图类型。

7.3.12 效果

"效果"组中包括21种贴图类型，分别为像素化、光谱、变化、各向异性、地形蒙版、扭曲、投射、接近、样条、次表面散射、法线方向、法线生成、波纹、环境吸收、背光、薄膜、衰减、通道光照、镜头失真、顶点贴图、风化。

7.3.13 素描与卡通

"素描与卡通"组中包括划线、卡通、点状、艺术四种贴图类型。

7.3.14 表面

"表面"组中包括24种贴图类型，分别为云、光爆、公式、地球、大理石、平铺、星形、星空、星系、显示颜色、木材、棋盘、气旋、水面、火苗、燃烧、砖块、简单噪波、简单湍流、行星、路面铺装、金属、金星、铁锈。

7.4 实操：塑料材质

文件路径：资源包\案例文件\第7章 材质和贴图\实操：塑料材质

本案例模拟具有微弱反射质感的塑料材质。案例效果如图7-31所示。

图 7-31

Cinema 4D R25 三维建模设计案例教程（全彩慕课版）

7.4.1 项目诉求

本案例是一个化妆品产品广告设计项目，要求简洁明了、干净大方、具有设计感。

7.4.2 设计思路

根据诉求，将三款化妆品垂直摆放，这样的构图方式使画面更舒适。选用其中一款产品的颜色作为作品背景色，整体更统一。在材质上，尽量还原化妆品包装的质感。以类似"阳光"的感觉处理作品光影，更立体。

7.4.3 项目实战

（1）执行"文件"｜"打开"命令，打开本案例对应的场景文件"01.c4d"，如图7-32所示。

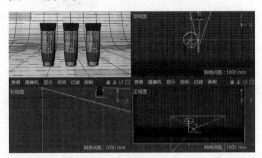

图 7-32

（2）在"材质管理器"面板中执行"创建"｜"新的默认材质"命令，如图7-33所示。

图 7-33

（3）此时"材质管理器"面板的空白区域出现一个材质球，如图7-34所示。

（4）在"材质管理器"面板上使用鼠标左键双击该材质球，弹出"材质编辑器"窗口，将材质命名为"塑料材质"。在左侧边栏中选择"颜色"选项，设置"颜色"为蓝色，如图7-35所示。

图 7-34

图 7-35

（5）在左侧边栏中选择"反射"层级，在"层设置"中单击"添加"按钮，添加"反射（传统）"，如图7-36所示。

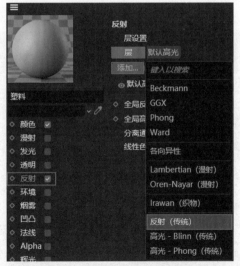

图 7-36

（6）在"层1"中的"默认反射"下设置"类型"为"反射（传统）"、"粗糙度"为"15%"、"高光强度"为"0%"，单击"纹理"前方的■按钮，选择"菲涅耳（Fresnel）"，双击着色器设置一个黑白渐变，设置"混合强度"为"25%"，如图7-37所示。

图 7-37

（7）在"层1"中的"默认高光"下设置"类型"为"高光-Blinn（传统）"、"宽度"为"34%"、"高光强度"为"50%"，如图7-38所示。

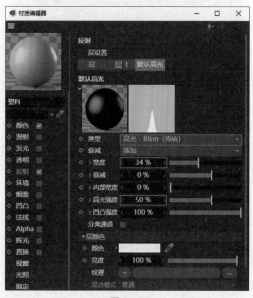

图 7-38

（8）将调节完成的材质赋给场景中的模型，如图7-39所示。

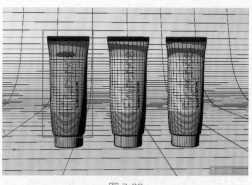

图 7-39

（9）使用相同的方法制作其他材质，将其他材质放置在场景的模型中，渲染效果如图7-40所示。

图 7-40

7.5 实操：水果材质

文件路径：资源包\案例文件\第7章材质和贴图\实操：水果材质

本案例模拟具有真实苹果贴图、光滑、凹凸质感的材质效果。案例效果如图7-41所示。

图 7-41

7.5.1 项目诉求

本案例是一个水果广告设计项目，要求苹果不单一，设计感强、有视觉冲击力。

7.5.2 设计思路

根据诉求，画面中使用两种苹果让作品更丰富。同时采用了"对角线"的构图方式，使作品极具视觉冲击力和动势。

7.5.3 项目实战

（1）执行"文件"｜"打开"命令，打开本案例对应的场景文件"02.c4d"，如图7-42所示。

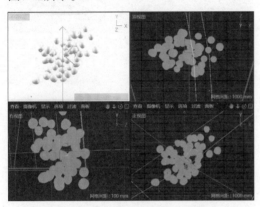

图 7-42

（2）在"材质管理器"面板中执行"创建"｜"新的默认材质"命令，如图7-43所示。

图 7-43

（3）此时"材质管理器"面板的空白区域出现了一个材质球，如图7-44所示。

图 7-44

（4）在"材质管理器"面板中使用鼠标左键双击该材质球，弹出"材质编辑器"窗口，将材质命名为"水果材质"。在左侧边栏中选择"颜色"选项，在右侧的"颜色"选项区域中设置"颜色"为"灰色"，单击"纹理"后方的██按钮，执行"加载图像"命令，然后添加"apple12.jpg"贴图，如图7-45所示。

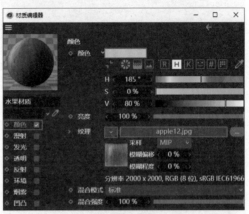

图 7-45

（5）在左侧边栏中选择"反射"选项，在右侧"反射"选项区域的"层设置"中单击"添加"按钮，添加一个"反射（传统）"，如图7-46所示。

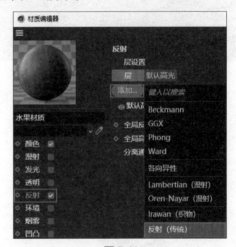

图 7-46

（6）在"层1"中设置"类型"为"反射（传统）"、"粗糙度"为"20%"、"反射强度"为"70%"，然后在"层颜色"选项区域中设置"亮度"为"25%"，如图7-47所示。

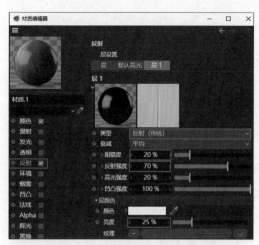

图 7-47

（7）单击进入"凹凸"，设置"强度"为"20%"，单击"纹理"后方的 ■ 按钮，执行"加载图像"，然后添加"apple12.jpg"贴图，如图7-48所示。

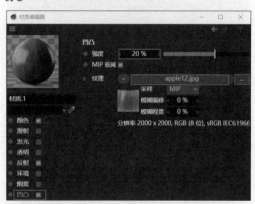

图 7-48

（8）将调节完成的材质赋给场景中的模型，如图7-49所示。

图 7-49

（9）使用相同的方法制作其他材质，将其他材质放置在场景的模型中，渲染效果如图7-50所示。

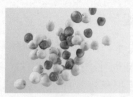

图 7-50

7.6 实操：渐变材质

文件路径：资源包\案例文件\第7章材质和贴图\实操：渐变材质

本案例模拟色彩缤纷的、光滑的渐变材质，可以用于卡通场景、节目包装场景等。案例效果如图7-51所示。

图 7-51

7.6.1 项目诉求

本案例是一个三维的品牌LOGO宣传设计项目，要求突出三维质感及丰富的色彩。

7.6.2 设计思路

根据诉求，以彩色渐变的色彩设计一款三维文字，并对文字进行扭曲化处理，以产生更多细节。背景则选用单色，使整体作品不杂乱。

7.6.3 项目实战

（1）执行"文件"｜"打开"命令，打开本案例对应的场景文件"03.c4d"，如图7-52所示。

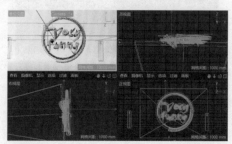

图 7-52

Cinema 4D R25 三维建模设计案例教程（全彩慕课版）

（2）在"材质管理器"面板中执行"创建" | "新的默认材质"命令，如图7-53所示。

图 7-53

（3）此时"材质管理器"面板的空白区域出现了一个材质球，如图7-54所示。

图 7-54

（4）在"材质管理器"面板中使用鼠标左键双击该材质球，弹出材质编辑器窗口，将材质命名为"渐变1"。在左侧边栏中选择"颜色"，单击"纹理"后方的 按钮，然后单击加载"渐变"，并设置粉橙青色系的渐变效果，最后设置"类型"为"二维-V"，如图7-55所示。

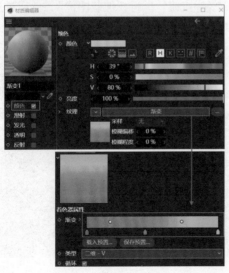

图 7-55

（5）在左侧边栏中选择"反射"选项，在"层设置"中单击"添加"按钮，添加一个"反射（传统）"选项，如图7-56所示。

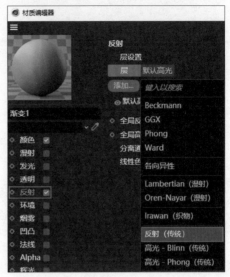

图 7-56

（6）在"层设置"中的"层1"下设置"类型"为"反射（传统）"、"衰减"为"平均"、"粗糙度"为"10%"、"反射强度"为"500%"、"高光强度"为"20%"、"亮度"为"20%"，如图7-57所示。

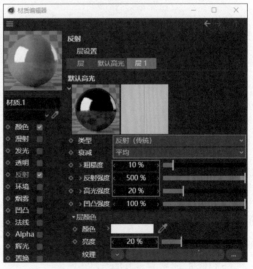

图 7-57

（7）使用相同的方法再次制作其他渐变材质，将调节完成的材质赋予场景的模型中，如图7-58所示。

图 7-58

7.7 扩展练习: 木地板、金属、玻璃、花朵材质

文件路径: 资源包\案例文件\第7章 材质和贴图\扩展练习: 木地板、金属、玻璃、花朵材质

本案例是制作室内设计场景中的木地板、金属、玻璃、花朵, 难点在于模拟真实的质感, 如图7-59所示。

图 7-59

7.7.1 项目诉求

本案例是一个室内客厅一角的设计项目, 要求体现自然、丰富的材质质感。

7.7.2 设计思路

根据诉求, 设计一个简单的室内空间。但是在材质设计方面尽量做到不同, 如常见中材质的质感不同, 有木地板材质、金属材质、玻璃材质、花朵材质等。

7.7.3 项目实战

制作木地板材质的步骤如下。

(1) 执行 "文件" | "打开" 命令, 打开本案例对应的场景文件 "04.c4d", 如图7-60所示。

(2) 在 "材质管理器" 面板中执行 "创建" | "新的默认材质" 命令, 如图7-61所示。

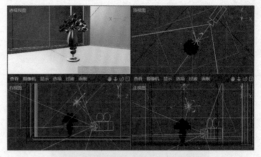

图 7-60

图 7-61

(3) 此时 "材质管理器" 面板的空白区域出现了一个材质球, 如图7-62所示。

图 7-62

(4) 在 "材质管理器" 面板中使用鼠标左键双击该材质球, 弹出 "材质编辑器" 窗口, 将材质命名为 "木地板"。在左侧边栏中选择 "颜色" 选项, 单击 "纹理" 后方的 ▦ 按钮, 执行 "加载图像", 然后添加 "1.jpg" 贴图, 如图7-63所示。

图 7-63

（5）在左侧边栏中勾选"反射"复选框，在"层设置"中单击"添加"按钮，添加一个"反射（传统）"，如图7-64所示。

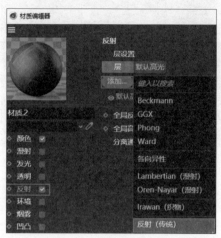

图 7-64

（6）在"层1"选项面板中设置"类型"为"反射（传统）"、"反射强度"为"30%"，在"层颜色"选项区域中设置"亮度"为"30%"，单击"纹理"右侧的 按钮，选择"菲涅耳（Fresnel）"，如图7-65所示。

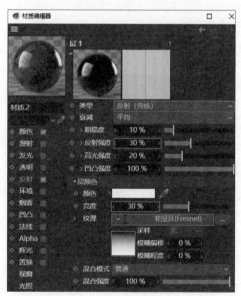

图 7-65

（7）在左侧边栏中勾选"凹凸"复选框，单击"纹理"右侧的 按钮，执行"加载图像"命令，添加"1.jpg"贴图，如图7-66所示。

图 7-66

（8）在左侧边栏中勾选"法线"复选框，设置"强度"为2%，单击"纹理"后方的 按钮，执行"加载图像"命令，然后添加"1.jpg"贴图，设置"强度"为2%，如图7-67所示。

图 7-67

（9）将调节完成的材质赋给场景中的模型，如图7-68所示。

图 7-68

制作金属材质的步骤如下。

（1）在"材质管理器"面板中执行"创建"｜"新的默认材质"命令，如图7-69所示。

图 7-69

（2）在"材质管理器"面板中使用鼠标左键双击该材质球，弹出材质编辑器窗口，将材质命名为"金属"。在左侧边栏中勾选"颜色"复选框，设置"颜色"为米色，单击"纹理"右侧的▼按钮，选择"菲涅耳（Fresnel）"，设置"混合强度"为"76%"、"漫射衰减"为"-25%"，如图7-70所示。

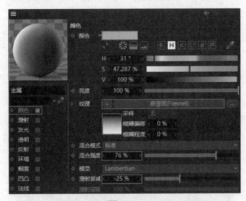

图 7-70

（3）在"层设置"中单击"添加"按钮，添加"GGX"，如图7-71所示。

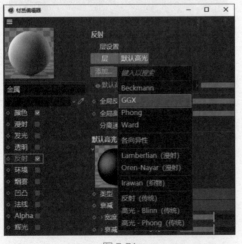

图 7-71

（4）在"层1"选项区域中设置"类型"为"GGX"、"衰减"为金属、"粗糙度"为"45%"、"反射强度"为"0%"、"高光强度"为"10%"，在"层颜色"选项区域中选择

青色，如图7-72所示。

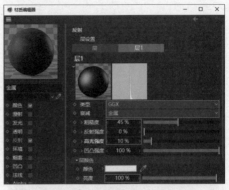

图 7-72

（5）在层设置中选择"默认高光"，设置"类型"为"反射（传统）"、"衰减"为"平均"、"粗糙度"为"8%"、"反射强度"为"100%"、"高光强度"为"0%"。在"层颜色"中设置颜色为"淡米色""亮度"为"100%"。单击"纹理"右侧的▼按钮，选择"图层"选项，然后单击进入"着色器"并添加"菲涅耳（Fresnel）"选项。再次单击"着色器"按钮并添加"颜色"选项，选择"屏幕"选项，设置强度为"43%"。最后设置"混合模式"为"正片叠底"、"混合强度"为86%，如图7-73所示。

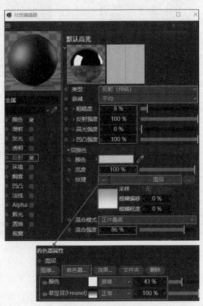

图 7-73

（6）调整"默认高光"和"层1"的顺序，如图7-74所示。

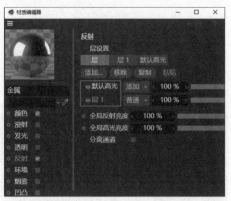

图 7-74

（7）将调节完成的材质赋给场景中的模型，如图7-75所示。

图 7-75

制作玻璃材质的步骤如下。

（1）在"材质管理器"面板中执行"创建" | "新的默认材质"命令，如图7-76所示。

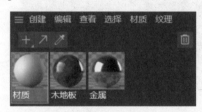

图 7-76

（2）在"材质管理器"面板中使用鼠标左键双击该材质球，弹出"材质编辑器"窗口，将材质命名为"玻璃"。在左侧边栏中取消勾选"颜色"和"反射"复选框，勾选"透明"复选框，设置"折射率预设"为自定义、"折射率"为1.491、"吸收距离"为5000mm、"模糊"为3%，如图7-77所示。

（3）在左侧边栏中勾选"反射"复选项，在"层设置"中选择"透明度"，设置"类型"为Ward、"粗糙度"为0%，如图7-78所示。

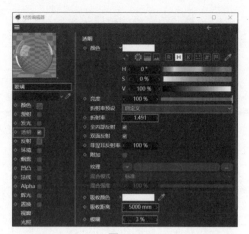

图 7-77

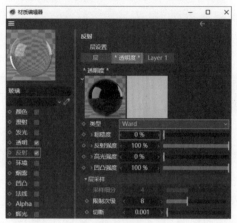

图 7-78

（4）在左侧边栏中勾选"凹凸"复选框，单击"纹理"右侧的 按钮，选择"噪波"选项，接着单击进入"噪波"选项面板，设置"全局缩放"为352%。返回"凹凸"界面，设置"强度"为3%，勾选"MIP衰减"复选框，如图7-79所示。

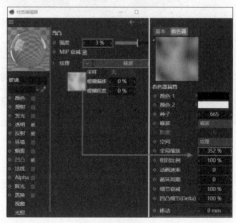

图 7-79

（5）将调节完成的材质赋予场景的模型中，如图7-80所示。

图 7-80

制作花朵材质的步骤如下。

（1）在"材质管理器"面板中执行"创建" | "新的默认材质"命令，如图7-81所示。

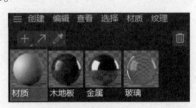

图 7-81

（2）在"材质管理器"面板中使用鼠标左键双击该材质球，弹出"材质编辑器"窗口，将材质命名为"花朵"。在左侧边栏中选择"颜色"，单击"纹理"右侧的▼按钮，单击"效果" | "衰减"进入"着色器属性"界面，设置粉、白色渐变色，如图7-82所示。

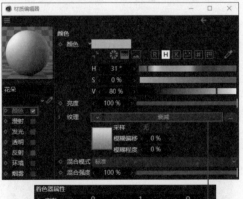

图 7-82

（3）在左侧边栏中勾选"反射"复选框，设置"类型"为"高光-Phong(传统)"、"衰减"为添加、"宽度"为50%、"高光强度"为20%、"凹凸强度"为100%，如图7-83所示。

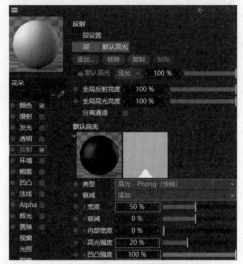

图 7-83

（4）将调节完成的材质赋给场景中的模型，如图7-84所示。

图 7-84

（5）设置其他材质并将其赋予场景的模型中，渲染效果如图7-85所示。

图 7-85

一、选择题

1. 在Cinema 4D中，可以制作哪些材质、贴图效果?（   ）

   A. 透明、反射

   B. 发光

   C. 凹凸

   D. 以上全部均可

2. Cinema 4D中的材质可以应用于哪些对象?（   ）

   A. 几何体

   B. 灯光

   C. 动画

   D. 所有对象

二、填空题

1. 在Cinema 4D中要想材质产生凹凸起伏的质感，需要在_____或_____通道中加载纹理。

2. 在Cinema 4D的反射中，_____数值越大，反射越模糊，磨砂质感越强。

三、判断题

1. 在"颜色"或"凹凸"中添加贴图，产生的效果是一样的。

   （   ）

2. "透明"参数中，"颜色"和"吸收颜色"都能控制透明物体的折射颜色。   （   ）

课后实战

● 创建生活中物体的材质

作业要求：运用你在本章中学到的关于"材质"的知识，创建几个生活中常见物体的材质，如木头、金属或玻璃等。需要考虑物体的表面纹理、反光率和透明度等属性，尽可能使你的材质接近真实的物质效果。

第7章 材质和贴图

第**8**章

运动图形

Cinema 4D 中的运动图形，是指在三维空间中使用动画、效果和视觉元素来表达想法和概念的艺术形式。运动图形通常用于制作广告、电影、电视节目、演示文稿等，以增强视觉冲击力，吸引观者的注意力。

本章要点

■ 知识要点

❖ 运动图形

❖ 效果器

8.1 运动图形概述

使用Cinema 4D中的工具可以快速创建动态的运动图形，同时还可以在三维空间中控制运动和摄像机的视角，以创建令人印象深刻的视觉效果。

8.1.1 克隆

使用"克隆"工具可以对模型进行复制，复制的模式分为"对象""线性""放射""网格排列""蜂窝阵列"。

创建运动图形。创建完成后，单击工具栏中的"运动图形"按钮，在弹出的窗口中选择"克隆"，然后按住鼠标左键并拖曳"立方体"至"克隆"上，如图8-1所示。

图 8-1

- 对象模式：使用该模式可使克隆的对象沿着指定的线条分布，如图8-2和图8-3所示。
- 线性模式：使用该模式可让模型沿着直线进行克隆复制，如图8-4所示。

图 8-2

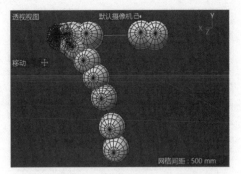

图 8-3

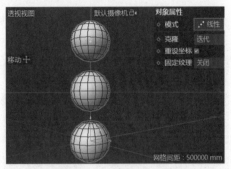

图 8-4

- 放射模式：使用该模式可让模型沿着圆形进行克隆复制，如图8-5所示。

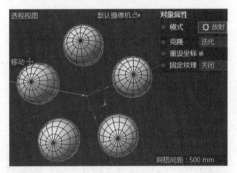

图 8-5

- 网格模式：使用该模式可让模型沿着上、下、左、右的空间网格进行克隆复制，如图8-6和图8-7所示。

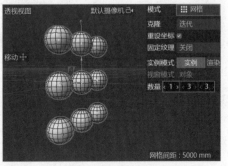

图 8-6

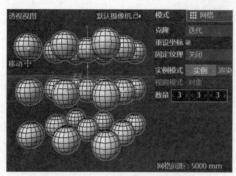

图 8-7

- 蜂窝模式：这是对对象进行蜂窝状克隆的模式，如图8-8所示。

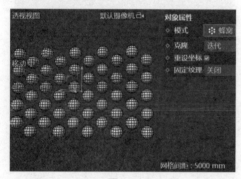

图 8-8

8.1.2 矩阵

"矩阵"工具可以在建模中单独使用，但不会被渲染出来。

在菜单中执行"运动图形"｜"矩阵"命令，效果如图8-9所示。

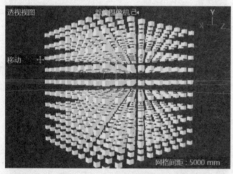

图 8-9

8.1.3 分裂

使用"分裂"工具可将多边形模型分裂成相互独立的个体，如图8-10所示。

图 8-10

8.1.4 破碎

使用"破碎"（Voronoi）工具可将完整的模型破碎化。

创建一个球体。创建完成后，在菜单栏中执行"运动图形"｜"破碎"命令，将"球体"拖曳至"破碎"下方，出现↓图标时松开鼠标左键，如图8-11所示。效果如图8-12和图8-13所示。

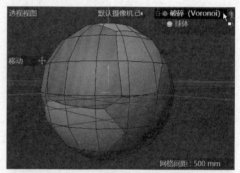

图 8-11

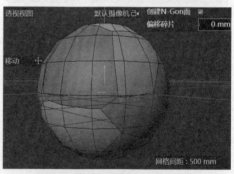

图 8-12

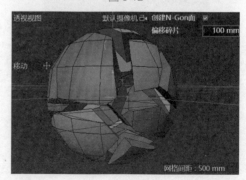

图 8-13

Cinema 4D R25 三维建模设计案例教程（全彩慕课版）

8.1.5 实例

"实例"工具一般需结合动画效果使用，可创建延迟的拖曳效果，如图8-14所示。

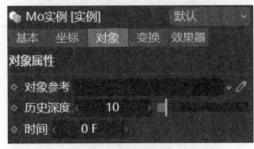

图 8-14

8.1.6 追踪对象

使用"追踪对象"工具可使运动模型尾部出现运动的线条，一般配合模拟工具使用。其参数设置如图8-15所示。

图 8-15

8.1.7 运动样条

使用"运动样条"工具可创建出模型的生长动画效果。其参数设置如图8-16所示。

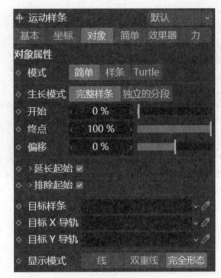

图 8-16

8.1.8 运动挤压

使用"运动挤压"工具可使模型产生挤压变形的效果。其参数设置如图8-17所示。

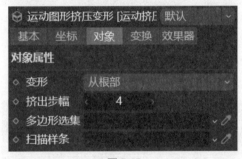

图 8-17

8.1.9 多边形 FX

使用"多边形FX"工具可制作复杂的动画效果。其参数设置如图8-18所示。

图 8-18

（1）执行"创建"|"网格参数对象"|"文本"命令，创建一组文字，如图8-19所示。

图 8-19

（2）执行"运动图形"｜"多边形FX"命令，创建多边形FX。进入"对象"｜"场次"面板，按住鼠标左键并拖曳"多边形FX"至"文本"上，出现↓图标时松开鼠标左键，如图8-20所示。

图 8-20

（3）执行"运动图形"｜"效果器"｜"随机"命令，创建随机运动，其参数设置如图8-21所示。

图 8-21

（4）选择"随机"，此时三维文字产生了碎片效果，如图8-22所示。

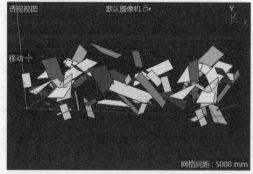

图 8-22

（5）选择"域"，双击"双击创建一个新域"按钮，如图8-23所示。

图 8-23

（6）移动"随机"的位置即可看到三维文字产生了破碎的动画效果，如图8-24所示。

图 8-24

8.1.10 克隆工具

使用"运动图形"中的克隆工具可以快速对模型进行复制，包括"线形克隆工具""放射克隆工具""网格克隆工具"三种。

（1）"线形克隆工具"的使用方法。创建球体，执行"运动图形"｜"线形克隆工具"命令，设置合适的数值，最后单击"应用"按钮，即可使球体沿着直线进行复制，效果如图8-25所示。

（2）"放射克隆工具"的使用方法。创建球体，执行"运动图形"｜"放射克隆工具"命令，设置合适的数值，最后单击"应用"按钮，即可使球体沿着圆形进行复制，效果如图8-26所示。

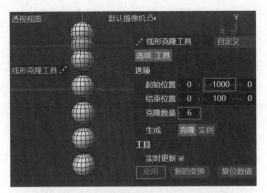

图 8-25

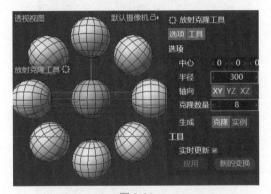

图 8-26

（3）"网格克隆工具"的使用方法。创建球体，执行"运动图形" | "网格克隆工具"命令，设置合适的数值，最后单击"应用"按钮，即可使球体沿着空间中的网格上下左右进行复制，效果如图8-27所示。

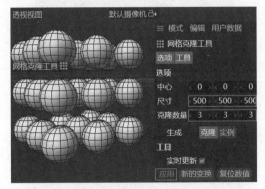

图 8-27

8.2 效果器

8.2.1 简易

使用"简易"效果器可以控制模型的克隆物体的位置、缩放和旋转。其参数设置如图8-28所示。

图 8-28

8.2.2 延迟

使用"延迟"效果器可以创建模型的克隆物体时的延迟效果。其参数设置如图8-29所示。

图 8-29

8.2.3 公式

使用"公式"效果器可通过数学公式使物体产生一定规律的运动。其参数设置如图8-30所示。

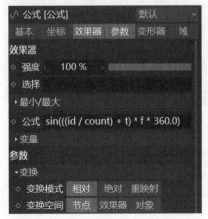

图 8-30

8.2.4 继承

使用"继承"效果器可对模型创建的动画效果或克隆体进行模仿。其参数设置如图8-31所示。

图 8-31

8.2.5 推散

使用"推散"效果器可以使克隆后的物体在动画中出现向四周扩散的效果。其参数设置如图8-32所示。

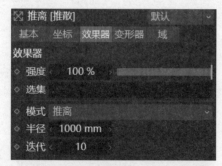

图 8-32

8.2.6 Python

使用"Python"效果器可以通过输入Python语言来制作复杂的效果。其参数设置如图8-33所示。

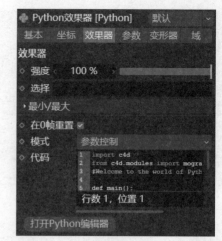

图 8-33

8.2.7 随机

使用"随机"效果器可使克隆后的模型在运动过程中出现随机效果。其参数设置如图8-34所示。

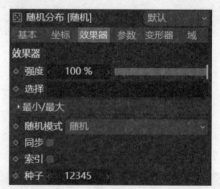

图 8-34

8.2.8 重置效果器

使用"重置效果器"可将克隆后的效果全部清除。其参数设置如图8-35所示。

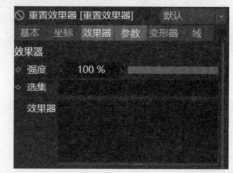

图 8-35

8.2.9 着色

使用"着色"效果器对克隆对象贴图的白色部分起作用，而对黑色部分不起作用。其参数设置如图8-36所示。

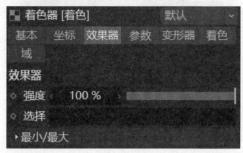

图 8-36

8.2.10 声音

使用"声音"效果器可以根据音频制作出物体按照声音变化的特殊效果。其参数设置如图8-37所示。

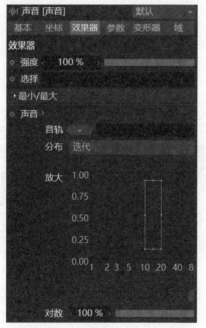

图 8-37

8.2.11 样条

使用"样条"效果器可使克隆后的模型沿着样条的轨迹进行分布。其参数设置如图8-38所示。

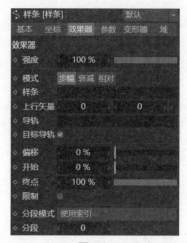

图 8-38

8.2.12 步幅

使用"步幅"效果器可以设置动画效果中的"位置""旋转""缩放"的动画效果。其参数设置如图8-39所示。

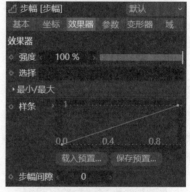

图 8-39

8.2.13 目标

使用"目标"效果器可使克隆对象产生目标效果。其参数设置如图8-40所示。

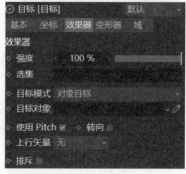

图 8-40

8.2.14 时间

使用"时间"效果器可以对动画的"位置""缩放""旋转"进行变换。其参数设置如图8-41所示。

图 8-41

8.2.15 体积

使用"体积"效果器可以对克隆对象的体积进行更改。其参数设置如图8-42所示。

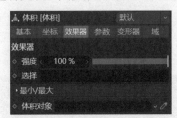

图 8-42

8.2.16 群组

使用"群组"效果器可对其他效果器进行群组连接。其参数设置如图8-43所示。

图 8-43

8.3 实操：克隆复制模型

文件路径：资源包\案例文件\第8章 运动图形\实操：克隆复制模型

本例使用"布尔""细分曲面""布料曲面"制作基础模型，使用"克隆"进行复制。案例效果如图8-44所示。

图 8-44

8.3.1 项目诉求

本案例是由一个大型的重复模型而构建的场景，要求视觉冲击力强、画面杂而不乱。

8.3.2 设计思路

根据诉求，设计一款标准的模型，并大量复制，让场景中充满该模型。

8.3.3 项目实战

（1）在菜单栏中执行"创建"|"网格参数对象"|"圆柱体"命令，选择"对象"选项，在"对象属性"选项区域中设置"半径"为"196mm"、"高度"为"17mm"、"高度分段"为"4"、"旋转分段"为"16"，如图8-45所示。

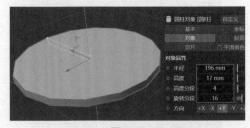

图 8-45

（2）使用相同的方法再次制作五个圆柱体，并将其放置在合适的位置，如图8-46所示。

图 8-46

（3）在"对象 | 场次"面板中，全选这六个圆柱体，单击鼠标右键，选择"连接对象+删除"选项，如图8-47所示。

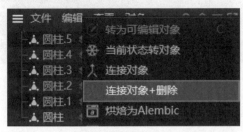

图 8-47

（4）在菜单栏中执行"创建"|"网格参数对象"|"球体"命令，选择"对象"选项，在"对象属性"选项区域中设置"半径"为"48mm"，"分段"为"16mm"，并将其放到合适的位置，如图8-48所示。

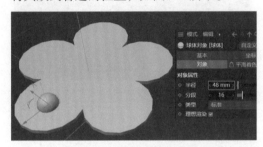

图 8-48

（5）在菜单栏中执行"创建"|"生成器"|"布尔"命令，选择"圆柱体"和"球体"选项，并拖曳至"布尔"上，出现↓图标时松开鼠标左键，如图8-49所示。

图 8-49

（6）选择"对象"选项栏，然后选择"布尔对象"选项栏，设置"布尔类型"为"A减B"，如图8-50所示。

图 8-50

（7）使用相同的方法制作其他孔洞，如图8-51所示。

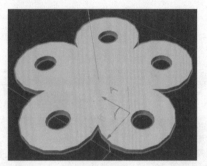

图 8-51

（8）在"对象 | 场次"面板中，选择"布尔"选项，单击鼠标右键，在弹出的快捷菜单中选择"连接对象+删除"选项。在菜单栏中执行"创建"|"生成器"|"细分曲面"命令，在"对象 | 场次"面板中，将"布尔"拖曳到"细分曲面"上，出现↓图标时松开鼠标左键。此时模型更光滑，如图8-52所示。

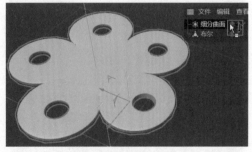

图 8-52

（9）在菜单栏中执行"创建"|"生成器"|"布料曲面"命令，在"对象 | 场次"面板中，将"细分曲面"拖曳到"布料曲面"上，出现↓图标时松开鼠标左键，如图8-53所示。

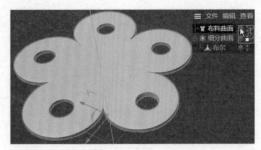

图 8-53

（10）在菜单栏中执行"创建"｜"网格参数对象"｜"圆柱体"命令，选择"对象"选项栏，设置"半径"为"28mm"、"高度"为"503mm"、"高度分段"为"4"，并将其放到合适的位置，如图8-54所示。

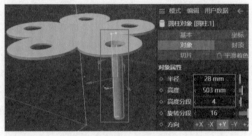

图 8-54

（11）在菜单栏中执行"创建"｜"变形器"｜"斜切"命令，在"对象｜场次"面板中，将"斜切"拖曳到"圆柱"上，出现↓图标时松开鼠标左键，如图8-55所示。

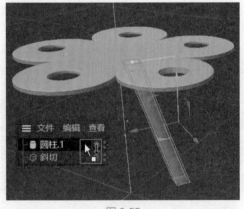

图 8-55

（12）选择"切变对象"选项栏，设置"尺寸"为"55mm""503mm""55mm"、"强度"为"600%"、"弯曲"为"0%"，单击"匹配到父级"按钮，如图8-56所示。

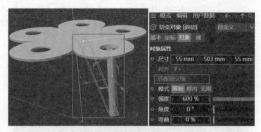

图 8-56

（13）使用相同的方法制作其他三条凳子腿，如图8-57所示。

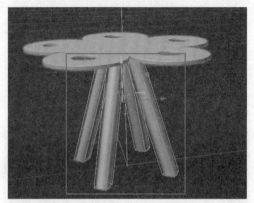

图 8-57

（14）在"对象｜场次"面板中，全选制作的所有模型，单击鼠标右键，在弹出的快捷菜单中选择"连接对象+删除"选项，使当前模型成为一个整体，如图8-58所示。

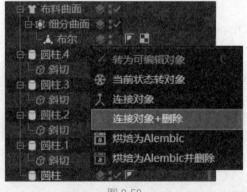

图 8-58

（15）在菜单栏中执行"创建"｜"运动图形"｜"克隆"命令，选择"克隆对象"选项，在"对象属性"选项区域中设置"模式"为"蜂窝"、"角度"为"Y（XZ）"、"偏移"为"54%"、"宽数量"为"14"、"高数量"为"19"、"宽尺寸"为"1000mm"、"高尺寸"为"2000mm"，如图8-59所示。

Cinema 4D R25 三维建模设计案例教程（全彩慕课版）

克隆对象 [克隆]			自定义	
基本	坐标	对象	变换	效果器

对象属性

◇ 模式　　　 蜂窝

◇ 克隆　　　 迭代
◇ 重设坐标 ✓
◇ 固定纹理 关闭

◇ 实例模式 **实例** 渲染实例 多重实例
　视窗模式 对象
◇ 角度 Y (XZ) ◇ 偏移方向 高
◇ ›偏移 54 %
◇ 宽数量 14
◇ 高数量 19

◇ 模式 每步
◇ 宽尺寸 1000 mm
◇ 高尺寸 2000 mm

图 8-59

（16）在"对象 | 场次"面板中，将"空白"拖曳到"克隆"上，出现↓图标时松开鼠标左键，如图8-60所示。

图 8-60

（17）本案例制作完成，效果如图8-61所示。

图 8-61

8.4 扩展练习：多物体真实碰撞

文件路径：资源包\案例文件\第8章\运动图形\扩展练习：多物体真实碰撞

本案例使用创建多种"网格参数对象"，并使用"刚体""效果器""动画标签""碰撞体"等制作多物体真实碰撞。案例效果如图8-62所示。

图 8-62

8.4.1 项目诉求

本案例是一个动画设计项目，模拟大型球体与多种小物体的真实物理搅动、碰撞的实验动画效果。

第8章 运动图形

8.4.2 设计思路

本案例以简易的几何体模型为基础元素，保证演示的动画效果更流畅、自然。

8.4.3 项目实战

（1）在菜单栏中执行"网格参数对象"|"球体"命令，设置"半径"为"390mm"、"分段"为"20"，如图8-63所示。

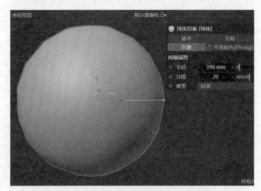

图 8-63

（2）使用相同的方法制作"角锥""宝石""立方体""圆环"等大小差不多的模型，如图8-64所示。

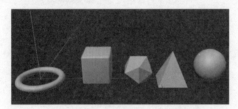

图 8-64

（3）在菜单栏中执行"运动图形"|"克隆"命令，将"球体""角锥""宝石""立方体""圆环"选中，并拖曳到"克隆"上，出现↓图标时松开鼠标左键，如图8-65所示。

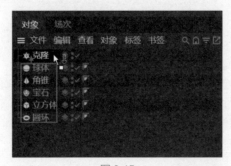

图 8-65

（4）选择"克隆"，在"克隆对象"选项卡中设置"数量"为"10""10""10"、"尺寸"为"1000mm""1000mm""1000mm"，如图8-66所示。

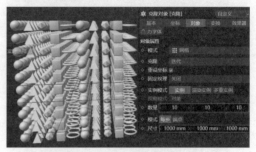

图 8-66

（5）在右侧的"对象|场次"窗口中选择"克隆"，执行"标签"|"模拟标签"|"刚体"命令，如图8-67所示。

图 8-67

（6）在菜单栏中设置"力"的"跟随位移"为"5"，如图8-68所示。

图 8-68

（7）在菜单栏中执行"运动图形"|"效果器"|"随机"命令，勾选"参数"中的

"旋转"复选框，设置"R.H"为"360°"、"R.P"为"360°"、"R.B"为"360°"，勾选"缩放""等比缩放""绝对缩放"复选框，设置"缩放"为"-0.5"，如图8-69所示。

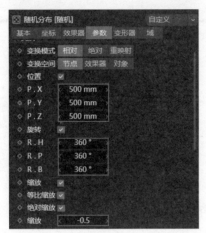

图8-69

（8）在菜单栏中执行"网格参数对象"｜"球体"命令，设置"半径"为"3260mm"、"分段"为"16"，并放入刚才创建的模型中，如图8-70所示。

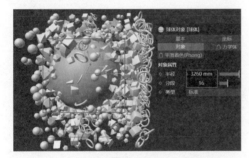

图8-70

（9）选择左侧的"球体"，在右侧的"对象｜场次"窗口中执行"标签"｜"动画标签"｜"振动"命令，如图8-71所示。

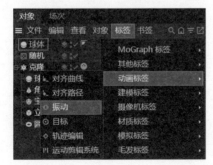

图8-71

（10）在菜单栏中设置"标签"，勾选"启用位置"复选框，设置"振幅"为"6000mm""6000mm""6000mm"、"频率"为"3"，如图8-72所示。

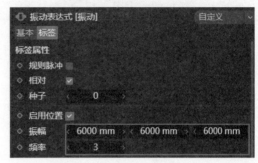

图8-72

（11）在右侧的"对象｜场次"窗口中执行"标签"｜"模拟标签"｜"碰撞体"命令，如图8-73所示。

图8-73

（12）此时单击界面下方的"向前播放"按钮▶，即可看到大的球体与小的模型产生了互动的动画效果，如图8-74所示。

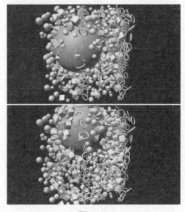

图8-74

8.5 课后习题

一、选择题

1. 在Cinema 4D中，以下哪个工具不是"运动图形"或"效果器"？（　　）
   - A. 克隆
   - B. 运动样条
   - C. 随机
   - D. 挤压

2. 在Cinema 4D中，以下哪个工具不能与效果器一起使用？（　　）
   - A. 克隆
   - B. 矩阵
   - C. 分裂
   - D. 灯光

3. 在Cinema 4D中，如果想要增加克隆物体的随机性，可以使用哪种效果器？（　　）
   - A. 平面
   - B. 随机
   - C. 插条
   - D. 着色器

二、填空题

1. 在Cinema 4D中，可以使用_____运动图形快速复制模型。

2. 在Cinema 4D中，可以使用_____效果器来将物体放置在路径上。

三、判断题

1. 在Cinema 4D中，可以将多个效果器应用于同一组克隆对象。（　　）

2. 在Cinema 4D中，效果器只能改变物体的位置，不能改变物体的大小和旋转方向。（　　）

课后实战

● 设计Logo展示动画

作业要求：请根据本章所学的"运动图形""效果器"，设计一个动态的Logo展示动画。Logo的设计、颜色和形状可以自由创作，但要保证动画流畅且视觉效果优秀。

第9章

9

动力学和布料

动力学和布料可以模拟真实的物体碰撞效果，实现更逼真的动画，常用于制作坚硬的物体碰撞、柔软的物体碰撞、布料效果等。动力学模拟可以应用于各种对象，如刚体、柔体、布料等；同时也可以设置物体的质量、形状、弹性、摩擦力等物理属性，并将它们置于虚拟场景中进行运算。

本章要点

📑 知识要点

❖ 动力学

❖ 布料

❖ 动力学工具

9.1 动力学

动力学是指一组工具和功能，可以模拟物理现象，如重力、碰撞、惯性等。这些工具包括刚体、柔体、碰撞器、力场等，可以用于创建逼真的物理动画效果。其中一些关键概念包括刚体、柔体、碰撞器、力场、动力学标签，以及动力学关系等。

选择物体，在"对象管理器"中执行"标签"|"模拟标签"命令，包含刚体、柔体、碰撞体、检测体、布料、布料管理器和布料绷带，如图9-1所示。

图 9-1

9.1.1 刚体

刚体，是指物体在下落的过程中发生碰撞后，物体的体积与形状都不会发生改变。

（1）创建"球体"，单击鼠标右键执行"模拟标签"|"刚体"命令，如图9-2所示。

图 9-2

（2）单击"向前播放"按钮▶，即可看到球体产生了自由下落效果，如图9-3所示。

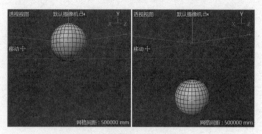

图 9-3

重点参数如下。

1. 基本

在"基本"选项卡中可以设置动力学的名称和图层。

2. 动力学

在"动力学"选项卡中可以设置是否启用动力学，并可以设置激发的时间、速度等参数，如图9-4所示。

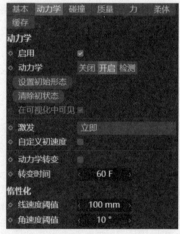

图 9-4

- 启用：用于设置是否启用动力学。取消勾选后"对象|场次"中物体的标签由 ⬤ 变为 ⬤ （灰色）。
- 动力学：包含开启、关闭和检测三种类型。
  - 关闭：关闭时，刚体标签变为碰撞体标签。
  - 开启：当设置为刚体标签时，默认为开启。
  - 检测：检测时，刚体标签变为碰撞体标签。

- 设置初始形态：当动力学计算完成后，单击该按钮，可以将对象当前的动力学设置恢复到初始位置。
- 激发：用于设置物体间发生碰撞，影响动力学产生的时间。分为"立即""在峰速""开启碰撞"和"有 XPresso"。
- 自定义初速度：勾选该复选框后，可激活初始线速度、初始角速度、对象坐标参数。
- 动力学转变：勾选该复选框后，可在任何时间停止计算动力学。
- 转变时间：使动力学对象返回到初始时间。
- 线速度阈值 | 角速度阈值：优化动力学计算。

3. 碰撞

在"碰撞"选项卡中可以设置继承标签、独立元素、是否本体碰撞等参数，如图9-5所示。

图 9-5

- 继承标签：可以针对拥有父级关系成组的物体，让碰撞效果针对父级中的子集产生作用。
- 独立元素：可以对克隆对象和文本中的元素进行不同级别的碰撞。
- 本体碰撞：勾选该复选框后，克隆对象之间会发生碰撞；取消勾选后，物体在碰撞的时候会产生穿插效果。
- 使用已变形对象：用于设置是否使用已经变形的对象。
- 外形：可选择其中一种外形类型，用于替换碰撞对象本身进行计算。

- 尺寸增减：用于设置碰撞的范围大小。
- 使用 | 边界：勾选该复选框后，可以设置边界。
- 保持柔体外形：勾选该复选框后，在计算时该对象被碰撞即会产生真实的反弹。
- 反弹：可以控制对象撞击到其他刚体时反弹的程度。
- 摩擦力：用于设置物体之间的摩擦力。
- 碰撞噪波：数值越高，碰撞后的效果越丰富。

4. 质量

在"质量"选项卡中可以设置物体的质量密度、旋转的质量和旋转中心等，如图9-6所示。

图 9-6

- 使用：用于设置物体质量的密度。
- 旋转的质量：用于设置下落物体旋转的质量。

5. 力

在"力"选项卡中可以设置物体的跟随位移、跟随旋转、阻尼等，如图9-7所示。

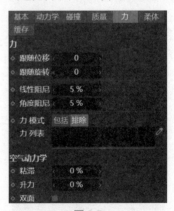

图 9-7

6. 柔体

柔体，是指物体在下落的过程中发生碰

撞后，物体的体积与形状会发生改变。

重点参数如下。

"柔体"属性可以设置柔体标签、物体的静止形态等参数，柔体选项栏下分为柔体、弹簧、保持外形和压力四部分。

（1）柔体：用于设置柔体的类型、静止形态的类型等参数，如图9-8所示。

图9-8

（2）弹簧：用于设置弹簧阻尼、弹性极限等的参数，如图9-9所示。

图9-9

- 构造：用于设置柔体对象的弹性构造。数值越小，结构越稀松。
- 阻尼：用于设置在平移超出限制时它们所受的移动阻力数量。
- 弹性极限：用于设置构造弹性的极限大小。
- 斜切：用于设置柔体下落后斜切的程度。
- 弯曲：用于设置柔体的弯曲程度。
- 弹性极限：用于设置弯曲弹性的极限大小。

（3）保持外形：用于设置柔体保持外形硬度、体积、阻尼等的参数，如图9-10所示。

图9-10

- 硬度：用于设置柔体变形的程度。数值越小，形状变形越明显。

- 体积：用于设置体积的变形程度。
- 阻尼：用于设置体积的数值大小。
- 弹性极限：用于设置体积的弹性极限大小。

（4）压力：用于设置压力、保持体积、阻尼的参数，如图9-11所示。

图9-11

- 压力：用于设置物体内部的空气压力。
- 保持体积：可以保持物体结构的构架。
- 阻尼：用于设置影响压力的数值大小。

7. 缓存

"缓存"属性通过烘焙等功能预览动画，烘焙后方便拖曳时间轴进行预览，如图9-12所示。

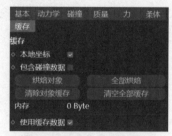

图9-12

9.1.2 柔体

"柔体"可以产生柔软的碰撞效果。

（1）创建一个"平面"，单击右键执行"模拟标签" | "碰撞体"命令，如图9-13所示。

图9-13

（2）创建一个"球体"，单击鼠标右键执行"模拟标签" | "柔体"命令，如图9-14所示。

图 9-14

（3）单击"向前播放"按钮▶，即可看到球体产生自由下落效果，碰撞到平面时给人以柔软的变形感觉，如图9-15所示。

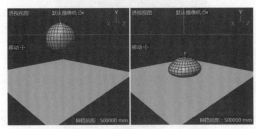

图 9-15

9.1.3　碰撞体

"碰撞体"是处于静止的物体，可以与刚体进行碰撞。

（1）创建一个"平面"，单击鼠标右键执行"模拟标签"｜"碰撞体"命令，如图9-16所示。

图 9-16

（2）单击"向前播放"按钮▶，即可看到球体产生自由下落效果，碰撞到平面时球体静止，如图9-17所示。

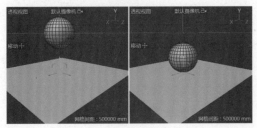

图 9-17

9.1.4　检测体

当将模型设置为"检测体"之后，其他动力学标签的对象都可以穿过该"检测体"。

9.2　布料

Cinema 4D中的布料，是指模拟虚拟布料在物理环境下的运动和变形。

在"对象｜场次"中选择物体，在"对象管理器"中执行"标签"｜"模拟标签"命令，包含"布料""布料管理器""布料绷带"，如图9-18所示。

图 9-18

9.2.1　布料和布料碰撞器

"布料"用于设置作为布料的物体。

（1）创建一个"平面"和"球体"，并使两者保持一定的距离，如图9-19所示。

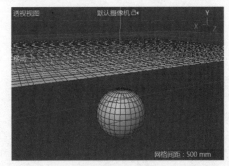

图 9-19

（2）选择"平面"，单击"转为可编辑对象"按钮◢，执行"标签"｜"模拟标签"｜"布料"命令，如图9-20所示。

（3）创建"球体"，执行"标签"｜"模拟标签"｜"布料碰撞器"命令，如图9-21所示。

图 9-20

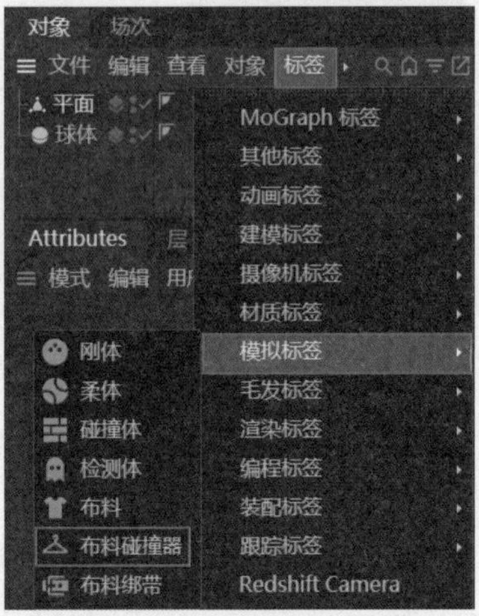

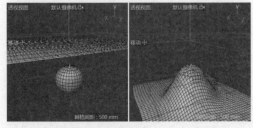

图 9-21

（4）单击"向前播放"按钮 ▶，即可看到产生布料下落到气体上的效果，如图9-22所示。

图 9-22

9.2.2 布料绑带

使用"布料绑带"可以模拟类似于松紧带的效果，使布料被绑的部分产生收缩收紧的效果。

9.3 动力学工具

"动力学"工具包括"连结器""弹簧""力""驱动器"，其主要目的是使这些工具参与到动力学运算中，以产生更多的效果，如图9-23所示。

图 9-23

9.3.1 连结器

执行"模拟"｜"动力学"｜"连结器"命令，可以为两个或两个以上的对象增加"连结器"，使原本没有联系的对象相互之间产生关联，为对象模拟出更加真实的效果。其属性面板如图9-24所示。

图 9-24

9.3.2 弹簧

执行"模拟"｜"动力学"｜"弹簧"命令，可使对象拉长或缩短，使对象间产生弹簧般的拉力或推力效果。其属性面板如图9-25所示。

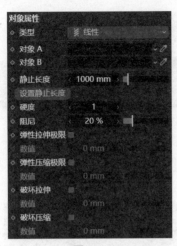

图 9-25

9.3.3 力

执行"模拟"|"动力学"|"力"命令，可以使力参与动力学。其属性面板如图9-26所示。

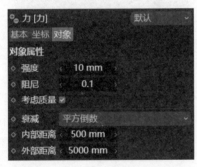

图 9-26

9.3.4 驱动器

执行"模拟"|"动力学"|"驱动器"命令，可以使驱动器参与动力学。其属性面板如图9-27所示。

图 9-27

9.4 实操：多米诺骨牌动画

文件路径：资源包\案例文件\第9章 动力学和布料\实操：多米诺骨牌动画

本案例使用"碰撞体""刚体"，并加入动画，制作多米诺骨牌倒下的动画效果，如图9-28所示。

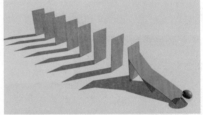

图 9-28

9.4.1 项目诉求

本案例是一个动画设计项目，要求体现出"传递"的感觉。

9.4.2 设计思路

设计以一个球体冲击第一张多米诺骨牌，将其击倒，继而碰撞到第二张、第三张，直至将全部骨牌击倒，从而体现出相互之间的作用，给人以"传递"的感觉。

9.4.3 项目实战

（1）在菜单栏中执行"创建"｜"场景"｜"地板"命令，如图9-29所示。

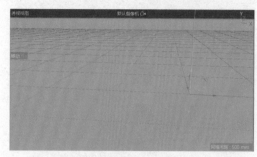

图 9-29

（2）在右侧的"对象｜场次"窗口中选择"地板"，执行"标签"｜"模拟标签"｜"碰撞体"命令，如图9-30所示。

图 9-30

（3）在菜单栏中执行"创建"｜"网格参数对象"｜"球体"命令，创建完成后进入"对象"｜"属性"选项区域，设置"半径"为22mm，如图9-31所示。

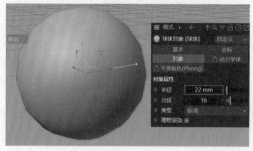

图 9-31

（4）选择"球体"，在右侧的"对象｜场次"窗口中选择"球体"，执行"标签"｜"模拟标签"｜"刚体"命令，如图9-32所示。

图 9-32

（5）创建完成后进入"动力学"选项卡，设置"激发"为"立即"，如图9-33所示。

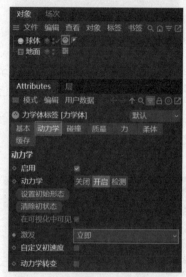

图 9-33

（6）在菜单栏中执行"创建"｜"网格参数对象"｜"立方体"命令，在"对象属性"选项区域中设置"尺寸.X"为2mm、"尺寸.Y"为148mm、"尺寸.Z"为80mm，并将立方体移动至地板上方，如图9-34所示。

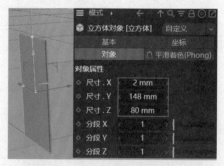

图 9-34

（7）在右侧的"对象｜场次"窗口中选择"立方体"，执行"标签"｜"模拟标签"｜"刚体"命令，如图9-35所示。

图 9-35

（8）进入"动力学"选项卡，设置"激发"为"开启碰撞"，如图9-36所示。

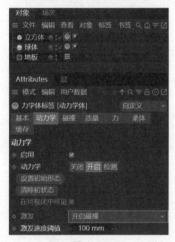

图 9-36

（9）在菜单栏中执行"运动图形"｜"克隆"，选择"对象"标签，在"对象"选项卡中设置"模式"为"线性"、"数量"为10、"位置.X"为"100mm"、"位置.Y"为"0mm"，如图9-37所示。

图 9-37

（10）在"对象｜场次"面板中，将"立方体"拖曳到"克隆"上，出现↓图标时松开鼠标左键，如图9-38所示。

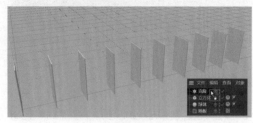

图 9-38

（11）选择"球体"，设置动画。将球体移动至多米诺骨牌的左上方位置，如图9-39所示。

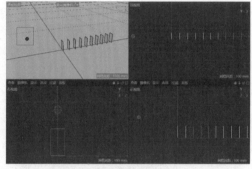

图 9-39

（12）选择"球体"，将时间轴拖曳到第0帧，激活"自动关键帧"按钮，最后单击"记录活动对象"按钮，此时创建第1个关键帧，如图9-40所示。

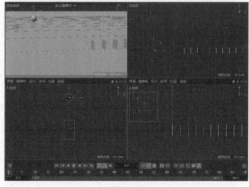

图 9-40

（13）将时间轴拖曳到第10帧，将球体在正视图中移动至第一张多米诺骨牌的前方位置。再次单击"记录活动对象"按钮，此时创建第2个关键帧，如图9-41所示。

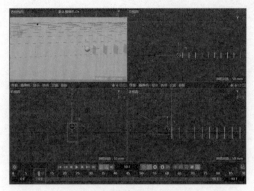

图 9-41

（14）此时球体动画制作完成，再次单击"自动关键帧"按钮，将其关闭。设置完成后单击"向前播放"▶按钮查看效果，如图9-42所示。

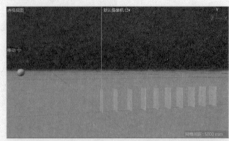

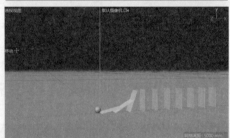

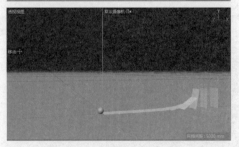

图 9-42

9.5 实操：字母漏气效果

文件路径：资源包\案例文件\第9章 动力学和布料\实操：字母漏气效果

本案例使用"碰撞体""柔体""关键帧

动画"等技术制作字母漏气的动画效果。案例效果如图9-43所示。

图 9-43

9.5.1 项目诉求

本案例是一个文字动画设计项目，要求文字产生生动、有趣的动画效果。

9.5.2 设计思路

以字母"C"为设计核心，其形态由充盈饱满逐渐向气体泄漏的状态过渡。在此过程中，"C"与透明长方体发生了具有现实物理性质的碰撞互动。

9.5.3 项目实战

（1）在菜单栏中执行"创建"｜"网格参数对象"｜"立方体"命令，设置"尺寸.X"为"1248mm"、"尺寸.Y"为"1857mm"、"尺寸.Z"为"739mm"，如图9-44所示。

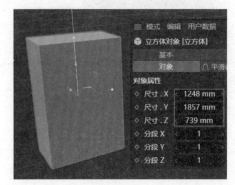

图 9-44

（2）选择立方体模型，在右侧的"对象 | 场次"窗口中执行"标签" | "模拟标签" | "碰撞体"命令，如图9-45所示。

图 9-45

（3）创建完成后进入"碰撞"操作面板，设置"继承标签"为"无"、"独立元素"为"关闭"、"外形"为"静态网格"、"反弹"为"50%"、"摩擦力"为"30%"，如图9-46所示。

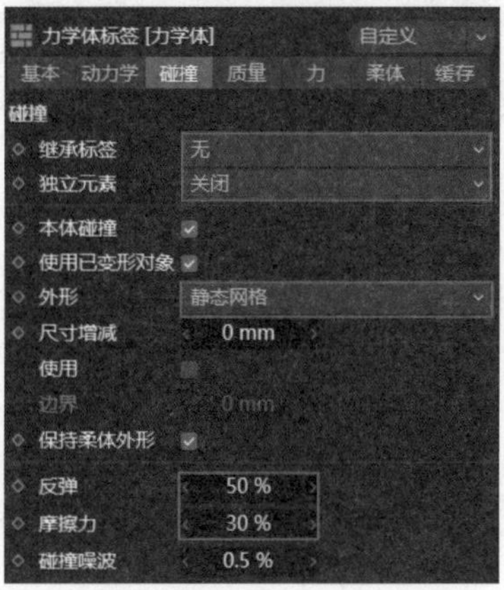

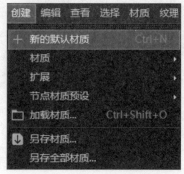

图 9-46

（4）在"材质管理器"面板中执行"创建" | "新的默认材质"命令，如图9-47所示。

图 9-47

（5）此时"材质管理器"面板的空白区域出现了一个材质球，如图9-48所示。

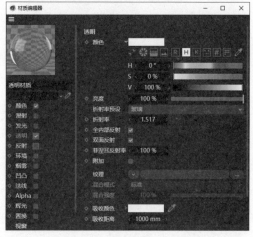

图 9-48

（6）在"材质管理器"面板中使用鼠标左键双击该材质球，弹出"材质编辑器"窗口，将材质命名为"透明材质"。在左侧边栏中勾选"透明"复选框，取消勾选"反射"复选框，如图9-49所示。

图 9-49

（7）将调节完成的材质赋给场景中的模型，如图9-50所示。

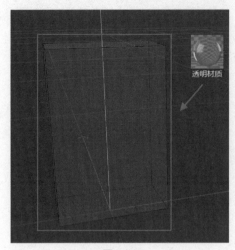

图 9-50

（8）在菜单栏中执行"创建"|"网格参数对象"|"文本"命令，设置"文本样条"为C，选择合适的字体，并设置"点插值方式"为"细分"、"角度"为"90°"、"最大长度"为"200mm"，如图9-51所示。

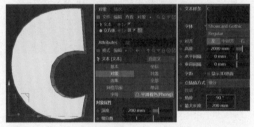

图 9-51

（9）进入"封盖"操作面板，设置"尺寸"为"200mm"、"封盖类型"为"常规网格"、"尺寸"为"200mm"，勾选"四边面优先"复选框，如图9-52所示。

图 9-52

（10）选择字体模型，在右侧的"对象|场次"窗口中执行"标签"|"模拟标签"|"柔体"命令，如图9-53所示。

图 9-53

（11）将时间轴上的时间指针拖曳到0F位置处，接着单击"自动关键帧"按钮，如图9-54所示。

图 9-54

（12）进入"柔体"操作面板，设置"构造"为"1"、"斜切"为"1"、"弯曲"为"1"、"硬度"为"0"，并分别单击它们右侧的按钮，使其变为，如图9-55所示。

图 9-55

（13）将时间轴上的时间指针拖曳到66F位置处，设置"构造"为"100"、"斜切"为"100"、"弯曲"为"100"、"硬度"为"1.5"，如图9-56所示。

（14）设置完成后，将其放入合适的位置。图9-57所示为放入立方体内部的效果。

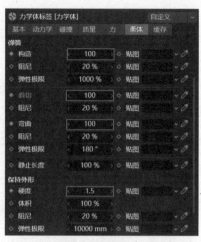

图 9-56

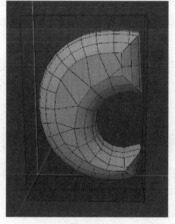

图 9-57

（15）在菜单栏中执行"创建"｜"生成器"｜"细分曲面"命令，然后在"对象｜场次｜内容浏览器｜构造"面板中，将"文本"拖曳到"细分曲面"上，出现↓图标时松开鼠标左键，如图9-58所示。

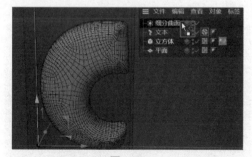

图 9-58

（16）设置完成后，单击"向前播放"按钮▶播放动画。本案例制作完成，效果如图9-59所示。

图 9-59

9.6 扩展练习：柔软小球滚动实验动画

文件路径：资源包案例文件第9章 动力学和布料扩展练习：柔软小球滚动实验动画

本案例使用"碰撞体""柔体"制作柔软小球滚动实验动画，如图9-60所示。

图 9-60

9.6.1 项目诉求

本案例需要设计一个物理碰撞小实验，要求模拟柔软的物体与坚硬物体的真实物理动画效果。

9.6.2 设计思路

这是一个展现柔软小球滚动实验的动画设计。在这个动画中，一个柔软质感的小球从高处落下，途中与一系列静止的物体发生了接触和碰撞。经过一连串的动态交互后，小球最终成功降落在一个管状结构中。

（1）在菜单栏中执行"创建"丨"网格参数对象"丨"平面"命令，设置"宽度"为"8415mm"、"高度"为"8324mm"、"宽度分段"为"20"、"高度分段"为"20"、"方向"为"+Z"，如图9-61所示。

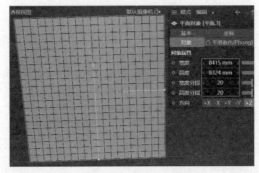

图 9-61

（2）单击"转为可编辑对象"按钮，将其转换为可编辑的对象。选择"多边形"，框选所有的多边形，单击鼠标右键，选择"三角化"选项，如图9-62所示。

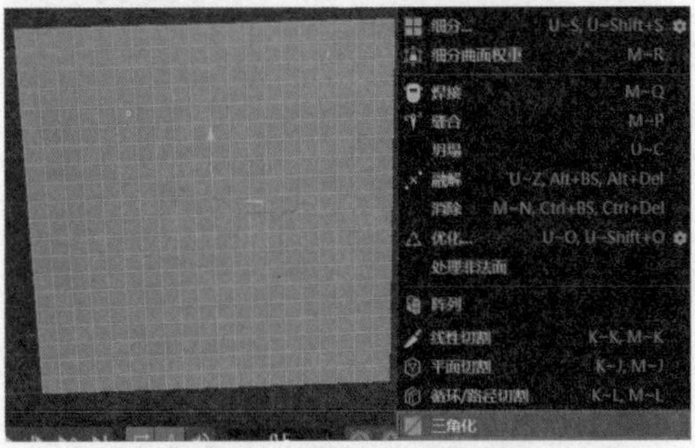

图 9-62

（3）设置完成后，效果如图9-63所示。

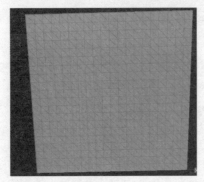

图 9-63

（4）使用选择工具，按住Shift键加选

几个需要的三角形状，加选完成后，按住Ctrl键的同时按住鼠标左键拖曳Z轴，效果如图9-64所示。

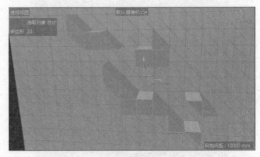

图 9-64

（5）在菜单栏中执行"创建"丨"网格参数对象"丨"球体"命令，设置"半径"为"294mm"、"分段"为16，并将其放置在合适的位置，如图9-65所示。

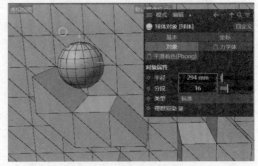

图 9-65

（6）在菜单栏中执行"创建"丨"网格参数对象"丨"圆柱体"命令，设置"半径"为"194mm"、"高度"为"830mm"、"高度分段"为"4"、"旋转分段"为"16"、"方向"为"+Z"，并将其放置在合适的位置，如图9-66所示。

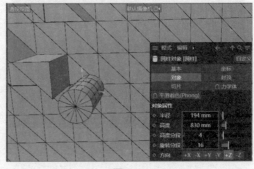

图 9-66

（7）使用相同的方法再次制作几个圆

柱体并将其放置在合适的位置，如图9-67所示。

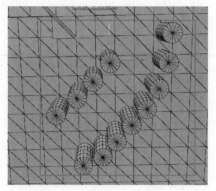

图 9-67

（8）在菜单栏中执行"创建"｜"网格参数对象"｜"平面"命令，设置"宽度"为"8408mm"、"高度"为"4000mm"、"宽度分段"为"10"、"高度分段"为"10"，并将其放置在合适的位置，如图9-68所示。

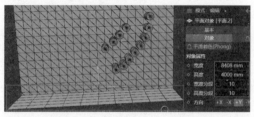

图 9-68

（9）在菜单栏中执行"创建"｜"网格参数对象"｜"管道"命令，设置"外部半径"为"1000mm"、"内部半径"为"682mm"、"旋转分段"为"16"、"封顶分段"为"1"、"高度"为"1000mm"、"高度分段"为"4"，并将其放置在合适的位置，如图9-69所示。

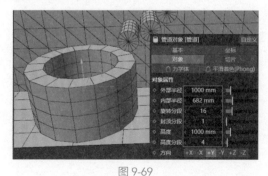

图 9-69

（10）选择球体模型，在右侧的"对象｜

场次"窗口中执行"标签"｜"模拟标签"｜"柔体"命令，如图9-70所示。

图 9-70

（11）选择管道模型，在右侧的"对象｜场次"窗口中执行"标签"｜"模拟标签"｜"碰撞体"命令，如图9-71所示。

图 9-71

（12）使用相同的方法将剩下的模型都执行为"碰撞体"命令，如图9-72所示。

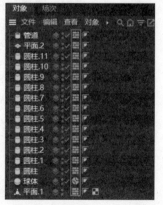

图 9-72

（13）在动画编辑窗口左下角设置动画时长为250F，如图9-73所示。

图 9-73

（14）设置完成后，单击"向前播放"按钮▶播放动画。本案例制作完成，效果如图9-74所示。

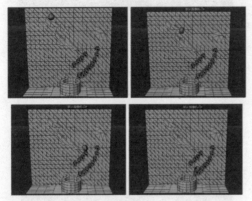

图 9-74

9.7 课后习题

一、选择题

1. 在Cinema 4D中，可以为模型添加哪些动力学标签？（　　）
   A. 刚体、柔体
   B. 碰撞体、检测体
   C. 布料
   D. 以上全部均可

2. 在Cinema 4D中，作为"刚体"的物体在下落过程中产生碰撞后，物体的体积与形状会发生改变吗？（　　）
   A. 体积、形状都发生改变
   B. 体积改变，形状不改变
   C. 体积不改变，形状改变
   D. 体积、形状都不改变

二、填空题

1. 在Cinema 4D中，_____用于将动力学效果应用于粒子系统。
2. 在Cinema 4D中，_____用于模拟物体的弯曲、扭曲和拉伸效果。

三、判断题

1. 在进行动力学系统计算时，物体会有真实的惯性。（　　）
2. "碰撞体"可以与"刚体"进行碰撞，并且能够被碰撞飞走。
（　　）

课后实战

● 设计碰撞小实验

作业要求：请根据本章的教学内容，设计并创建一些小模型，将它们布置在地面上。然后制作一个带有动画的模型去碰撞这些小模型，以产生真实的物理碰撞动画效果。要求作品充分运用本章所学的知识和技能。

第10章

粒子和力场

Cinema 4D 中的粒子，是指一组模拟的小型对象，可以用于创建各种类型的效果，如烟雾、火焰、水、爆炸、飞溅等，并且可以改变其速度、旋转、大小、颜色等属性，从而创造出逼真的动态效果。在 Cinema 4D 中，可以结合各种力场来控制粒子的行为。力场可以作用于粒子上，使粒子发生变化。

本章要点

🌟 知识要点

❖ 粒子

❖ 力场

10.1 粒子

Cinema 4D中包含两种粒子系统，分别是软件自带的粒子和Thinking Particles粒子子。在菜单栏中执行"模拟"，就能看到两种粒子系统，如图10-1所示。

图 10-1

10.1.1 发射器

在菜单栏中执行"模拟"|"粒子"|"发射器"命令，单击动画编辑窗口中的"播放"按钮，在视图界面中可以看到发射器发射粒子，如图10-2所示。

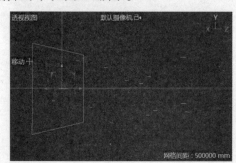

图 10-2

1. 粒子

选择"粒子"标签，"粒子"选项卡如图10-3所示。

- 编辑器生成比率：用于设置视图中显示的粒子数量。该数值不会影响最终渲染的粒子数量。
- 渲染器生成比率：用于设置最终渲染的粒子数量的百分比。该百分比会直接影响最终渲染的粒子数量。
- 可见：用于设置在视图中可见的粒子数量。
- 投射起点 | 投射终点：用于设置粒子发射与结束的时间。

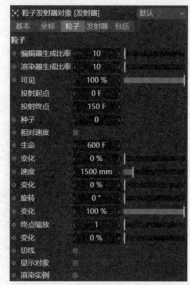

图 10-3

- 生命：用于设置发射出来的粒子存活的时间。
- 变化：用于设置粒子的变化程度。
- 速度：用于设置粒子的运动速度。
- 旋转：用于粒子在运动过程中出现的旋转角度。
- 终点缩放：用于设置粒子在运动过程中终点处的变化，可以看成是一种渐变效果。
- 显示对象：勾选该复选框后，可显示三维效果。

2. 发射器

在"发射器"属性栏中可以设置发射器（粒子源）图标的物理特性，以及渲染时视图中生成的粒子的百分比，如图10-4所示。

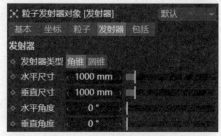

图 10-4

- 发射器类型：用于设置粒子向外发散的状态，分为角锥与圆锥两种类型。
- 水平尺寸 | 垂直尺寸：用于设置发射器的宽度 | 高度。

Cinema 4D R25 三维建模设计案例教程（全彩慕课版）

- 水平角度 | 垂直角度：用于设置发射器沿着Y轴 | Z轴向外发射粒子的角度。

3. 包括

在"包括"属性栏中可以设置场景中的力场是否作用在物体上，如图10-5所示。当模式为"包括"时，需要将力场添加到修改后面的空白框中，这样发射器才会产生力场效果。当模式为"排除"时，不添加力场在效果器中也可以发现视图中出现的变化。

图 10-5

（1）创建立方体、发射器。进入"对象" | "场次"面板，按住鼠标左键并拖曳"立方体"至"发射器"上，出现↓图标时松开鼠标左键，如图10-6所示。

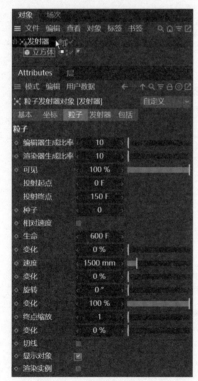

图 10-6

（2）此时粒子产生了沿直线发射的效果，如图10-7所示。

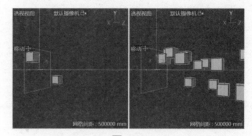

图 10-7

（3）设置合适的"旋转"角度和其他参数，如图10-8所示。

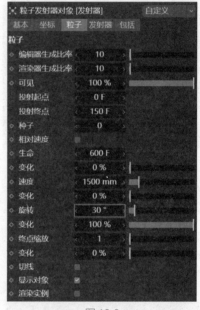

图 10-8

（4）再次播放动画，可以看到粒子在发射过程中产生了自身旋转的效果，这样显得更真实、自然，如图10-9所示。

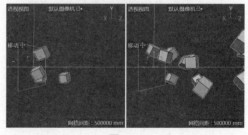

图 10-9

10.1.2 Thinking Particles 粒子

在菜单栏中执行"模拟" | "Thinking Particles"命令，如图10-10所示。

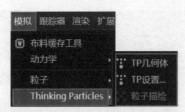

图 10-10

执行"模拟"|"Thinking Particles"|"TP几何体"命令，其参数如图10-11所示。

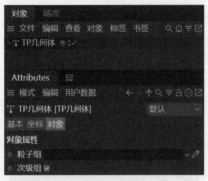

图 10-11

执行"模拟"|"Thinking Particles"|"TP设置"命令，会弹出Thinking Particles窗口，可在其中设置Thinking Particles粒子群组。结合运动图形中的矩阵，将矩阵对象变为TP粒子，如图10-12所示。

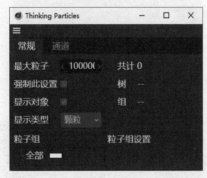

图 10-12

10.1.3 烘焙粒子

"烘焙粒子"可以将动态粒子效果转换为静态的模型，以便更快地进行渲染。

选择已经制作好的粒子，在菜单栏中执行"模拟"|"粒子"|"烘焙粒子"命令，如图10-13所示。

图 10-13

"烘焙粒子"参数设置如图10-14所示。

图 10-14

- 起点｜终点：用于设置烘焙粒子的起始时间。
- 每帧采样：用于设置采样的细分值。
- 烘焙全部：用于设置全部烘焙的帧数。

10.2 力场

"力场"包括吸引场、偏转场、破坏场、域力场、摩擦力、重力场、旋转、湍流、风力9种类型，如图10-15所示。

图 10-15

10.2.1 吸引场

"吸引场"是指发射器中粒子相互之间发生的力场。

- 强度：数值越大，吸引力越强。
- 速度限制：用于设置粒子的运动速度。
- 模式：有加速度和力两种模式。
- 形状：用于设置衰减的形状。

Cinema 4D R25 三维建模设计案例教程（全彩慕课版）

（1）创建圆柱体、发射器。进入"对象"|"场次"面板，按住鼠标左键并拖曳"圆柱体"至"发射器"上，出现↓图标时松开鼠标左键，适当设置"旋转"的角度，如图10-16所示。

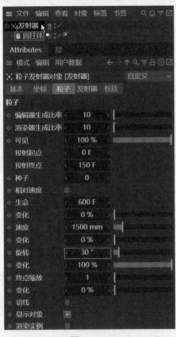

图 10-16

（2）此时粒子沿直线自旋转发射，效果如图10-17所示。

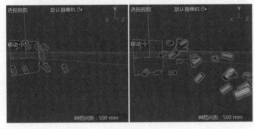

图 10-17

（3）创建"反射器"。在菜单栏中执行"模拟"|"力场"|"吸引场"命令，创建吸引场，并移动其位置，如图10-18所示。

（4）选择"吸引场"，并增大"强度"的数值，如图10-19所示。

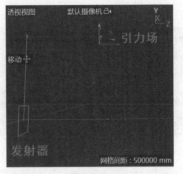

图 10-18

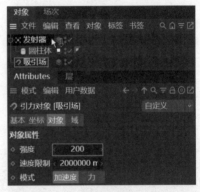

图 10-19

（5）再次播放时可以看到，粒子被吸引到"吸引场"位置，效果如图10-20所示。

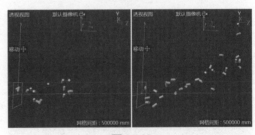

图 10-20

10.2.2 偏转场

粒子在接触到"偏转场"后会出现反弹现象。其参数设置如图10-21所示。

图 10-21

与"吸引场"的操作步骤类似，"偏移场"会产生碰撞反弹的效果，如图10-22

157

所示。

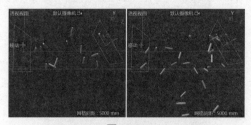

图 10-22

- 弹性：用于设置粒子的运动速度。
- 分裂波束：勾选后，少部分粒子会受到反弹。
- 水平尺寸：用于设置矩形的宽度。
- 垂直尺寸：用于设置矩形的高度。

10.2.3 破坏场

粒子在接触到"破坏场"后会消失不见。其参数设置如图10-23所示。

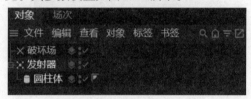

图 10-23

与"吸引场"的操作步骤类似，"破坏场"会产生消失的效果，如图10-24所示。

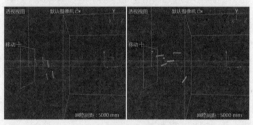

图 10-24

- 随机特性：用于设置立方体线框中粒子消失的随机比率。
- 尺寸：用于设置立方体线框的长、宽、高的数值。

10.2.4 域力场

"域力场"在空间中以丰富的动态效果作用于物体。其参数设置如图10-25所示。

图 10-25

10.2.5 摩擦力

粒子在即将接触到"摩擦力"之前会减慢运动。其参数设置如图10-26所示。

图 10-26

与"吸引场"的操作步骤类似，"摩擦力"会产生运动变慢的效果，如图10-27所示。

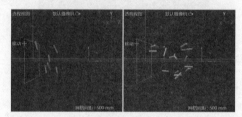

图 10-27

- 强度：用于设置场景中的摩擦力。数值越大，阻力越大。
- 角度强度：用于设置摩擦阻力的角度数值。
- 模式：有加速度和力两种模式。

10.2.6 重力场

"重力场"可以用来模拟粒子受到的自然重力。重力具有方向性，沿重力箭头方向的粒子做加速运动，沿重力箭头逆向的粒子做减速运动。其参数设置如图10-28所示；效果图10-29所示。

图 10-28

Cinema 4D R25 三维建模设计案例教程（全彩慕课版）

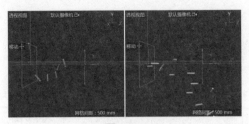

图 10-29

- 加速度：用于重力的强度大小。数值为正时，粒子受到重力会向下运动；数值为负时，粒子会向上运动。
- 模式：分为加速度、力、空气动力学风三种模式。

10.2.7 旋转

"旋转"力场可以得粒子呈现螺旋旋转状发射。其参数设置如图10-30所示。

图 10-30

与"吸引场"的操作步骤类似，"旋转"会产生螺旋发射效果，类似龙卷风，如图10-31所示。

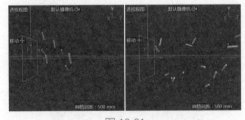

图 10-31

- 角速度：可以控制旋转的角度大小。数值越大，旋转的程度越明显。
- 模式：分为加速度、力、空气动力学风三种模式。默认为加速度模式。

10.2.8 湍流

"湍流"力场可以使粒子呈现絮乱、杂乱的漫天飞舞（增大"强度"数值可以使粒子变得更乱），如图10-32所示。

图 10-32

与"吸引场"的操作步骤类似，"湍流"会产生杂乱飞舞的效果，如图10-33所示。

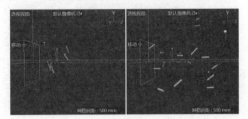

图 10-33

- 强度：用于设置粒子湍流的强度。
- 缩放：用于设置粒子湍流的缩放。
- 频率：用于设置粒子湍流的频率。
- 模式：分为加速度、力、空气动力学风三种模式。

10.2.9 风力

"风力"力场可以改变粒子的路径，产生类似被风吹动的效果，但需要注意风力的位置和角度（风力剪头的位置是吹动的方向）。其参数设置如图10-34所示。

图 10-34

与"吸引场"的操作步骤类似，"风力"则会产生粒子被风吹动的效果，如图10-35所示。

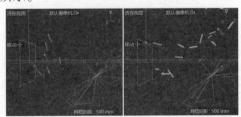

图 10-35

- 速度：用于设置风力大小。数值越大，粒子通过后的速度越快。
- 紊流：用于设置粒子被风吹散的反作用力。当紊流比率较大时，会出现粒子向后运动的效果。
- 模式：分为加速度、力、空气动力学风三种模式。

10.3 实操：使用发射器制作纸飞机动画

文件路径：资源包案例文件第10章 粒子和力场实操：使用发射器制作纸飞机动画

本案例使用发射器制作纸飞机动画。案例效果如图10-36所示。

图 10-36

10.3.1 项目诉求

本案例是一个标志动画设计项目，要求动画效果自然、有趣、生动。

10.3.2 设计思路

以标志的雏形"方形"为基本视觉元素，并且使其呈静止状态。以从框中飞舞的数只纸飞机为动态元素，用飞舞的路径勾勒出标志的形态。

10.3.3 项目实战

（1）执行"文件"|"打开"命令，打开本案例对应的场景文件"01.c4d"。场景中已经提前做好了一个纸飞机模型，如图10-37所示。

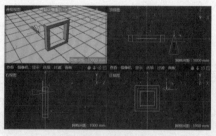

图 10-37

（2）执行"模拟"|"粒子"|"发射器"命令，在"对象 | 场次 | 内容浏览器 | 构造"面板中，将"纸飞机"拖曳到"发射器"上，出现↓图标时松开鼠标左键，如图10-38所示。

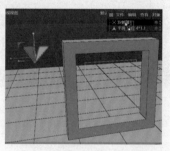

图 10-38

（3）在"对象 | 场次 | 内容浏览器 | 构造"面板中选择"粒子"，设置"编辑器生成比率"为"10"、"渲染器生成比率"为"10"、"可见"为"100%"、"投射起点"为"0F"、"投射终点"为"900F"、"生命"为"600F"、"速度"为"7000mm"、"变化"为"50%"、"旋转"为"50°"，勾选最下方的"显示对象"复选框，如图10-39所示。

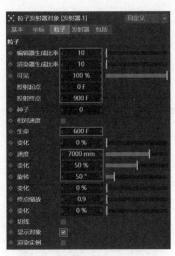

图 10-39

（4）在"对象 l 场次 l 内容浏览器 l 构造"面板中选择"发射器"，设置"发射器类型"为"圆锥"、"水平尺寸"为"2533mm"、"垂直尺寸"为"2533mm"、"水平角度"为"50°"，如图10-40所示。

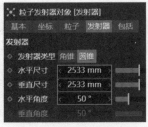

图 10-40

（5）设置完成后，单击 ▶ 按钮进行播放。本案例制作完成，效果如图10-41所示。

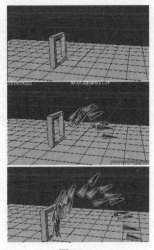

图 10-41

文件路径：资源包\案例文件\第10章 粒子和力场\扩展练习：泡泡机动画

本案例创建"发射器"制作粒子，并将粒子形态设置为三维球体效果，最后创建风力，产生动力学风的絮乱飞舞动画。案例效果如图10-42所示。

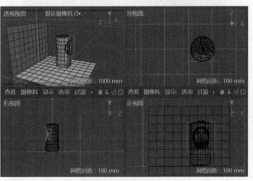

图 10-42

10.4.1 项目诉求

本案例是一个卡通动画设计项目，要求呈现吹泡泡的趣味效果。

10.4.2 设计思路

将模型做卡通化处理，并使用粒子快速创建多个随机的泡泡，加入风吹动的效果，让泡泡在空中飞舞，非常真实、有趣。

10.4.3 项目实战

（1）执行"文件"|"打开"命令，打开本章中本案例对应的场景文件"02.c4d"。执行"创建"|"网格参数对象"|"球体"命令，在场景中创建一个球体，创建完成后在右侧的属性面板中选择"对象"选项，在"对象属性"选项区域中设置"半径"为"3mm"、"分段"为16，如图10-43所示。

图 10-43

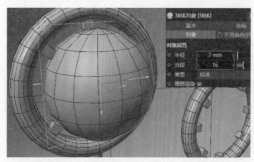

图 10-43（续）

（2）执行"模拟"|"粒子"|"发射器"命令，在左侧属性栏中设置"编辑器生成比率"为"5"、"渲染器生成比率"为"2"、"可见"为"100%"、"投射起点"为"0F"、"投射终点"为"150F"、"种子"为"0"，勾选"相对速度"复选框，设置"生命"为"600F"、"变化"为"0%"、"速度"为"20mm"、"变化"为"0%"、"旋转"为"50°"、"变化"为100%、"终点缩放"为1、"变化"为"0%"，勾选"显示对象"，如图10-44所示。

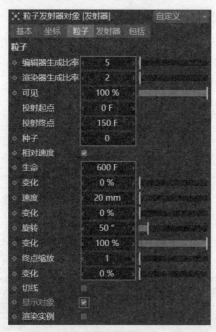

图 10-44

（3）在"对象|场次|内容浏览器|构造"面板中选择"发射器"标签，在"发射器"选项区域中设置"发射器类型"为"圆锥"、"水平尺寸"为"6mm"、"垂直尺寸"为"6mm"、"水平角度"为"50°"，如图10-45所示。

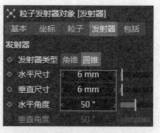

图 10-45

（4）在右侧的"对象|场次|内容浏览器|构造"窗口中将"球体"拖曳到"发射器"的下方，出现↓图标时松开鼠标左键，如图10-46所示。

图 10-46

（5）设置完成后，图形状态如图10-47所示。

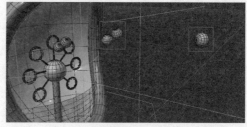

图 10-47

（6）使用相同的方法再次制作大小不同的球体，如图10-48所示。

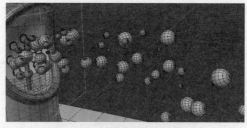

图 10-48

（7）执行"模拟"|"力场"|"风力"命令，在场景中创建一个"风力"力场，设置"速度"为"6mm"、"紊流"为"28%"、"紊流缩放"为"0%"、"紊流频率"为"0%"、"模式"为"空气动力学风"，如图10-49所示。

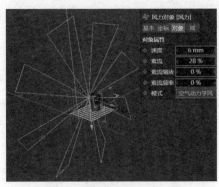

图 10-49

（8）设置完成后，单击"向前播放" ▶ 按钮查看效果，本案例制作完成，效果如图10-50所示。

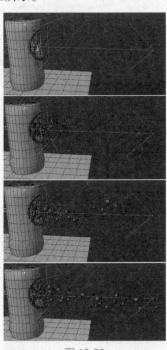

图 10-50

10.5 课后习题

一、选择题

1. 在Cinema 4D中，哪种力场可以模拟风的效果？（ ）
   A. 吸引场
   B. 风力
   C. 湍流
   D. 摩擦力

2. 在Cinema 4D中，哪种力场可以模拟重力？（ ）
   A. 重力场
   B. 风力
   C. 湍流
   D. 偏转场

3. 在Cinema 4D中，以下哪个参数可以调节力场对发射器的影响程度？（ ）
   A. 强度
   B. 寿命
   C. 出生地
   D. 速度

二、填空题

1. 在Cinema 4D中，用于生成粒子的主要工具是_____。
2. 在Cinema 4D中，可以控制粒子寿命的参数是_____。

三、判断题

1. 在Cinema 4D中，粒子发射器可以发射任何模型。（ ）
2. 力场可以对粒子产生相应的作用。（ ）

 课后实战

● 创造"礼花筒"效果

作业要求：请运用本章所学的"粒子"和"力场"功能，创造出炫目的"礼花筒"效果。请注意，你可以将喷射出的彩色丝带替换为其他形状的模型，如球体、立方体、多边形等。为了增强视觉吸引力，要求喷射出的模型超过两种，以形成更为丰富和动感的视觉表现。

第 11 章

毛发和动画

为模型添加毛发，可以修改毛发的长度、密度、颜色等，还可以手动梳理毛发的发型。动画主要包括关键帧动画和角色动画，添加动画可以使作品的效果更丰富。

本章要点

⭐ 知识要点

❖ 毛发
❖ 关键帧动画
❖ 角色动画

11.1 毛发

Cinema 4D中包括"毛发对象""毛发模式""毛发编辑""毛发选择""毛发工具""毛发选项"。在菜单栏中执行"模拟"即可选择，如图11-1所示。

图 11-1

（1）选择模型，在菜单栏中执行"模拟"｜"毛发对象"｜"添加毛发"命令，如图11-2所示。

图 11-2

（2）此时模型表面上产生了大量毛发，如图11-3所示。

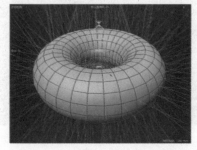

图 11-3

（3）在菜单栏中执行"模拟"｜"毛发工具"｜"毛刷"命令，如图11-4所示。

图 11-4

（4）此时在毛发上多次拖曳鼠标，即可刷出自己需要的"发型"，如图11-5所示。

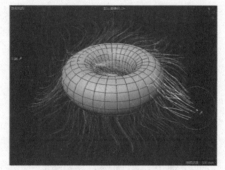

图 11-5

（5）这里还可以选择"毛发"进行参数设置，如图11-6所示。

图 11-6

11.2 关键帧动画

关键帧动画是一种常见的动画制作技术，用于定义动画物体的运动轨迹。在关键帧动画中，动画师在一个或多个关键帧上设置物体的位置、旋转、缩放等属性，然后自动计算中间的帧数，以创建流畅的动画效果。

11.2.1 关键帧动画工具

Cinema 4D具有强大的动画制作功能，用户可以在Cinema 4D软件界面视图窗口下方看到动画编辑窗口。图11-7所示为常用的动画制作工具。

图 11-7

- 90 F 90 F：用于设置时间指针在时间上的位置。
- 0 F 30 F：用于设置时间轴的长度。
- "转到开始"按钮 ：如果当前时间线滑块没有处于第0帧位置，那么单击该按钮可以跳转到第0帧。
- "转到上一关键帧"按钮 ：单击该按钮可以找到当前时间指针之前的关键帧。
- "转到上一帧"按钮 ：可以将当前时间线滑块向前移动一帧。
- "向前播放"按钮 ：单击即可进行播放，再次单击即可暂停。
- "转到下一帧"按钮 ：单击该按钮可以将当前时间线滑块向后移动一帧。
- "转到下一关键帧"按钮 ：单击该按钮可以将当前时间线滑块向后移动至最近的关键帧。
- "转到结束"按钮 ：如果当前时间线滑块没有处于结束帧位置，那么单击该按钮可以跳转到最后一帧。
- "记录活动对象"按钮 ：单击该按钮可以设置关键帧。
- "自动关键帧"按钮 ：单击该按钮可以记录关键帧，并且可以通过设置不

同时刻的物体状态自动添加关键帧。
- "位置"按钮 ：单击该按钮可以开 | 关记录位置。
- "缩放"按钮 ：单击该按钮可以开 | 关记录缩放。
- "旋转"按钮 ：单击该按钮可以开 | 关记录旋转。
- "参数"按钮 ：单击该按钮可以开 | 关记录参数。
- "点级别动画"按钮 ：单击该按钮可以开 | 关记录点级别动画。

11.2.2 记录活动对象制作动画

（1）将时间线滑块移动至第0帧，选择模型，将其摆放至合适位置，单击"记录活动对象"按钮 ，记录第1个关键帧，如图11-8所示。

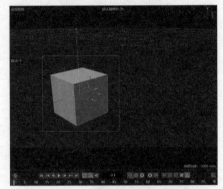

图 11-8

（2）将时间线滑块到移动第20帧，将模型适当移动位置，单击"记录活动对象"按钮 ，记录第2个关键帧，如图11-9所示。

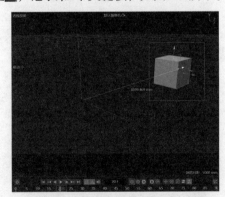

图 11-9

（3）此时单击"向前播放"按钮 ，即

Cinema 4D R25 三维建模设计案例教程（全彩慕课版）

可看到动画，如图11-10所示。

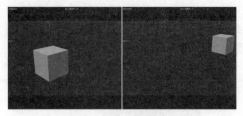

图 11-10

自动关键帧制作动画

（1）将时间线滑块移动至第0帧，选择模型，将其摆放至合适位置，单击"自动关键帧"按钮，然后单击"记录活动对象"按钮，记录第1个关键帧，如图11-11所示。

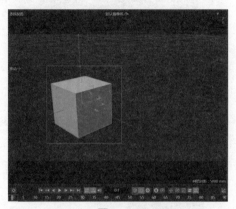

图 11-11

（2）将时间线滑块移动到第20帧，将模型适当移动位置，此时自动记录第2个关键帧，如图11-12所示。

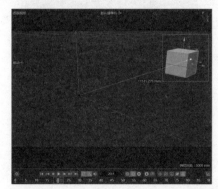

图 11-12

（3）再次单击"自动关键帧"按钮，然后单击"向前播放"按钮，即可看到动画，效果如图11-13所示。

图 11-13

11.2.4 时间线编辑

1．时间线（摄影表）

单击菜单栏中的"窗口"｜"时间线（摄影表）"，打开"时间线窗口"对话框。为物体设置动画属性以后，在"时间线"对话框中按住Ctrl键单击鼠标左键，就会添加关键帧，并有与之相对应的曲线，如图11-14所示。

图 11-14

2．时间线（函数曲线）

单击菜单栏中的"窗口"｜"时间线（函数曲线）"，打开"时间线窗口"对话框，如图11-15所示。在该窗口中可以通过快速地调节曲线来控制物体的运动状态。

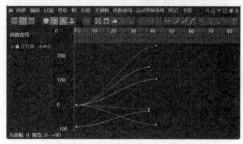

图 11-15

11.3 管理器、约束、命令、转换

角色工具分为管理器、命令、转换、约束、角色、CMotion、角色创建、关节工具、关节对齐工具、镜像工具、权重工具、关节、蒙皮、肌肉、肌肉蒙皮、簇、添加点变形、添加变换变形、衰减等，如图11-16所示。

图 11-16

11.3.1 管理器

选择"角色" | "管理器"选项，在右侧列表中会出现三个选项，分别是"姿态库浏览器""权重管理器""顶点映射转移工具（VAMP）"，如图11-17所示。

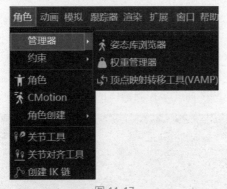

图 11-17

11.3.2 约束

"约束"命令能够使两个或两个以上的对象针对相互之间的运动关系进行管理和关联。执行"角色" | "约束"命令，下拉列表中会出现多个约束命令。

11.3.3 命令

选择"角色" | "命令"选项，可以在弹出的下拉列表中选择相应的操作，该列表主要是针对关节的设置。例如，可以通过"创建IK链"命令来设置关节子父级的关系，也可以通过"绑定"命令将创建好的关节与相应的角色或对象绑定在一起，如图11-18所示。

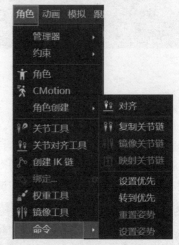

图 11-18

11.3.4 转换

"转换"可以根据不同的命令将对象由一种形式转换为另一种形式，如图11-19所示。

图 11-19

11.4 角色、CMotion

11.4.1 角色

"角色"可以用于创建骨骼系统，还可以进行绑定操作。

（1）在菜单栏中选择"角色"|"角色"选项，如图11-20所示。

图 11-20

（2）单击"Root"按钮，如图11-21所示。继续单击"Spine（IK | FK Blend）"按钮，如图11-22所示。

图 11-21

图 11-22

（3）在按住Shift键的同时，依次双击"Arm（IK | FK Only）"|"Jaw"按钮，接着双击"Leg（IK | FK Only）"按钮，如图11-23所示。

图 11-23

（4）此时场景中的骨骼系统如图11-24所示。

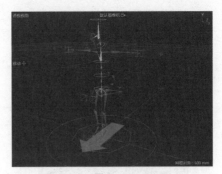

图 11-24

（5）在菜单栏中执行"创建"|"网格参数对象"|"人形素体"命令，并设置"高度"，如图11-25所示。

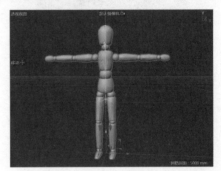

图 11-25

（6）选择"人形素体"，单击鼠标右键，在弹出的快捷菜单中选择"连接对象+删除"选项，如图11-26所示。

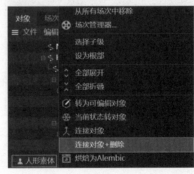

图 11-26

（7）选择所有骨骼，在左下方"对象属性"中单击选择"绑定"标签，接着将"人形素体"拖曳至"绑定"下方列表中，如图11-27所示。

（8）单击选择"动画"标签进行动画属性设置，如图11-28所示。

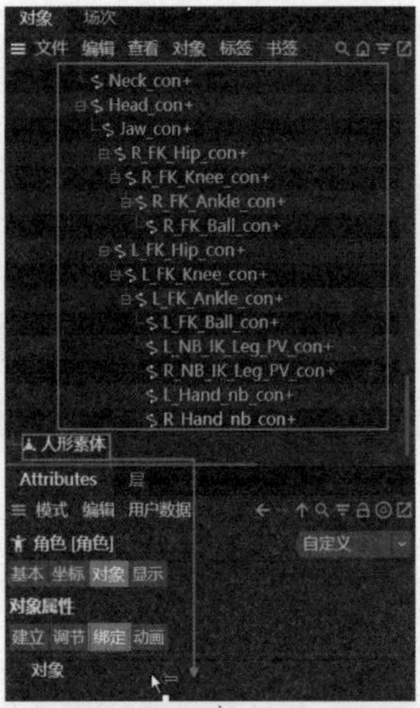

图 11-27

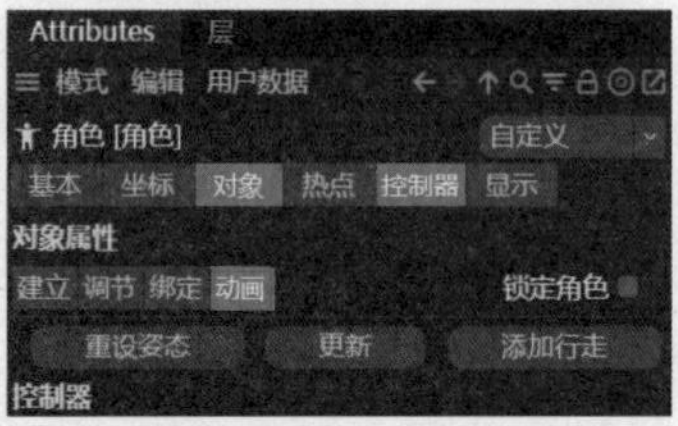

图 11-28

（9）此时即可通过调整图标的位置来改变人体的动作，如图11-29所示。

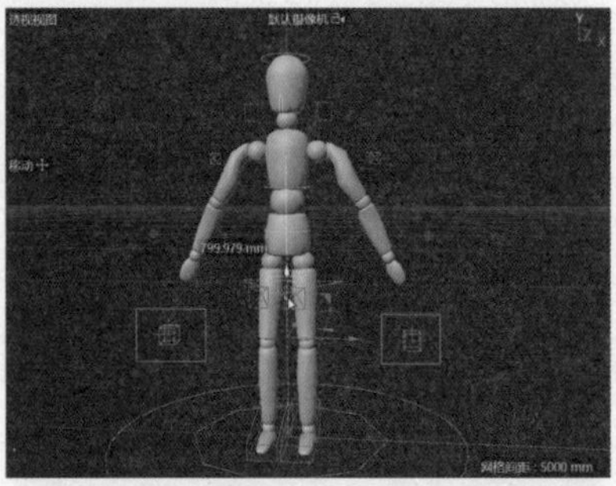

图 11-29

11.4.2 CMotion

执行“角色” | “CMotion”命令，CMotion是一项强大的制作循环动画的功能，它可以使角色永无止境地进行循环运动。在创建完角色之后，可以为角色添加CMotion命令，如图11-30所示。

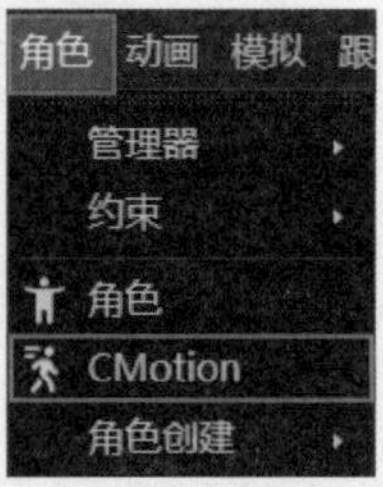

图 11-30

11.5 关节工具

关节工具主要用于创建关节骨骼及IK链等，使骨骼与骨骼之间产生联系，如图11-31所示。

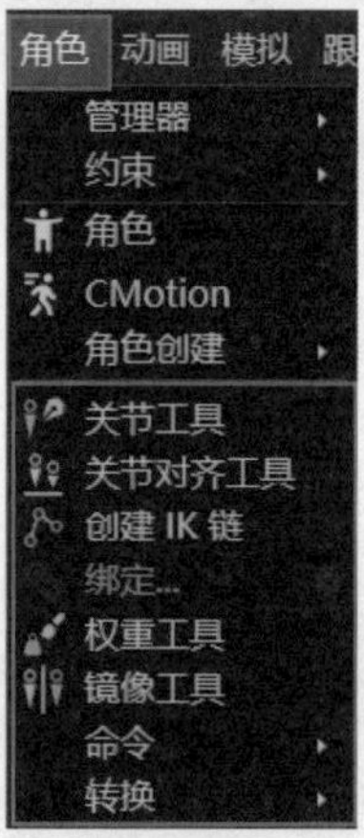

图 11-31

11.6 关节、蒙皮、肌肉

关节、蒙皮、肌肉、肌肉蒙皮工具用于创建关节、设置肌肉、进行蒙皮等操作，如图11-32所示。

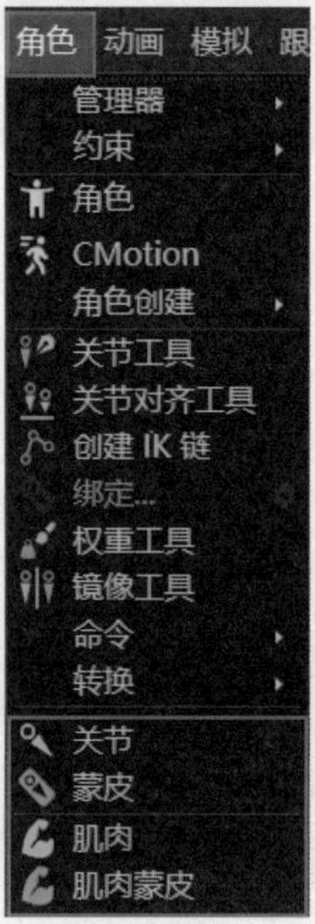

图 11-32

11.7 实操：制作毛发卡通字母

文件路径：资源包\案例文件\第11章
毛发和动画\实操：制作毛发卡通字母

本案例使用"绒毛"创建毛茸茸的毛发效果，最终制作出卡通字母，如图11-33所示。

图 11-33

11.7.1 项目诉求

本案例是一个卡通文字设计项目，要求文字体现可爱、创意的感觉。

11.7.2 设计思路

针对项目诉求，设计文字时要发挥想象，如设置特殊材质、文字模型错位组合，当然也可以制作毛茸茸的、可爱的文字效果。因此可以使用"绒毛"工具进行制作，从而让一个非常普通的"C"变得令人印象深刻。

11.7.3 项目实战

（1）在菜单栏中执行"创建"｜"网格参数对象"｜"文本"命令，设置"深度"为"200mm"、"文本样条"为"C"，选择合适的"字体"，如图11-34所示。

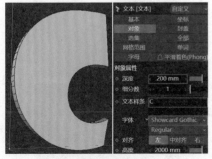

图 11-34

（2）选择刚创建的文字，在菜单栏中执行"模拟"｜"毛发对象"｜"绒毛"命令，

如图11-35所示。

图 11-35

（3）在"材质管理器"面板中选择"绒毛材质"，使用鼠标左键双击该材质球，弹出"材质编辑器"窗口。在左侧边栏中勾选"颜色"复选框，设置"颜色"为红褐色渐变。单击"纹理"后方的█按钮，接着单击选择"噪波"，如图11-36所示。

图 11-36

（4）单击进入"噪波"，设置"颜色1"为黄色、"颜色2"为粉色、"全局缩放"为"150%"，如图11-37所示。

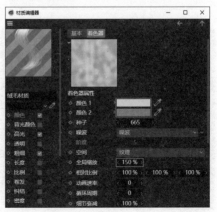

图 11-37

第11章 毛发和动画

171

（5）在左侧边栏中选择"粗细"层级，设置"发根"为"5mm"、"发梢"为"11mm"，如图11-38所示。

图 11-38

（6）在左侧边栏中勾选"卷发"复选项，设置"卷发"为"100%"，如图11-39所示。

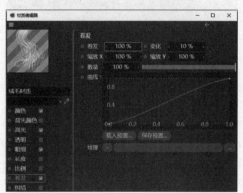

图 11-39

（7）在左侧边栏中勾选"纠结"复选项，如图11-40所示。

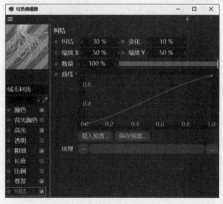

图 11-40

（8）设置完成后，单击"渲染到图像查看器"按钮查看效果。本案例制作完成，效果如图11-41所示。

图 11-41

11.8 实操：中式卷轴动画

文件路径：资源包\案例文件\第11章毛发和动画\实操：中式卷轴动画

本案例使用"弯曲"变形器、"关键帧动画"等技术制作中式卷轴动画。案例效果如图11-42所示。

图 11-42

11.8.1 项目诉求

本案例需要设计一个中式风格的宣传片片头动画。

11.8.2 设计思路

选取中式场景元素，如卷轴动画，设置一个从卷起到展开的动画效果，并且将卷轴的材质设置为中式风格的风景效果，从而展现浓厚的中式韵味。

11.8.3 项目实战

（1）在菜单栏中执行"创建"|"网格参数对象"|"立方体"命令，设置"尺寸.X"为"2000mm"、"尺寸.Y"为"100mm"、"尺寸.Z"为"6000mm"、"分段Z"为"150"，如图11-43所示。

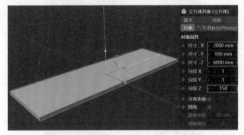

图 11-43

（2）在菜单栏中执行"创建"|"变形器"|"弯曲"命令，创建完成后在"对象|场次"面板中，将"弯曲"拖曳到"立方体"上，出现↓图标时松开鼠标左键，如图11-44所示。

图 11-44

（3）操作完成后单击"匹配到父级"按钮，设置"尺寸"为"100mm""6000m""2000mm"，如图11-45所示。

（4）使用"旋转工具"，沿着红色轴向旋转90°，然后继续沿着绿色轴向旋转90°，此时弯曲和立方体位置一致，如图11-46和图11-47所示。

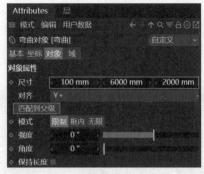

图 11-45

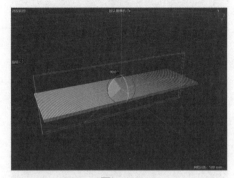

图 11-46

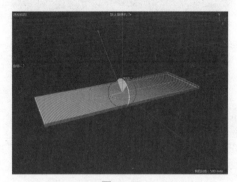

图 11-47

（5）将其放置在合适的位置后，设置"强度"为"1200°"，如图11-48所示。

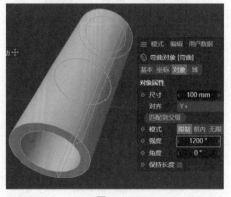

图 11-48

（6）将时间轴上的时间指针拖曳到0F位置处，单击"自动关键帧"按钮⑥设置关键帧，调整好位置之后单击"记录活动对象"按钮⑥，如图11-49所示。

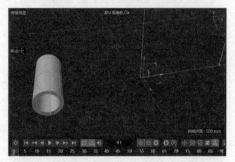
图 11-49

（7）将时间轴上的时间指针拖曳到90F位置处，使用"移动"工具沿绿色坐标轴移动位置，如图11-50所示。

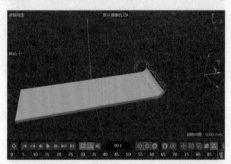
图 11-50

（8）设置完成后，单击"向前播放"按钮▶播放动画。本案例制作完成，效果如图11-51所示。

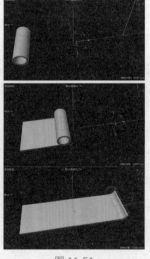
图 11-51

11.9 实操：书本翻页动画

文件路径：资源包\案例文件\第11章毛发和动画\实操：书本翻页动画

本案例使用"弯曲"变形器、"克隆""步幅""关键帧动画"等技术制作书本的翻页动画。案例效果如图11-52所示。

图 11-52

11.9.1 项目诉求

本案例是一个动画项目，要求制作最终书本的翻页动画效果。

11.9.2 设计思路

根据明确的项目诉求，设计一个从闭合到打开再到闭合的完整动画。

11.9.3 项目实战

（1）在菜单栏中执行"创建" | "网格

参数对象"｜"平面"命令，设置"宽度"为"4000mm"、"高度"为"4000mm"、"宽度分段"为"10"、"高度分段"为"10"，如图11-53所示。

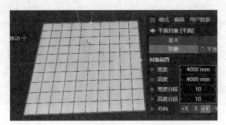

图 11-53

（2）在菜单栏中执行"创建"｜"变形器"｜"弯曲"命令，在"对象｜场次"面板中，将"弯曲"拖曳到"平面"上，出现↓图标时松开鼠标左键。接着在右侧的属性面板中选择"坐标"，将"R.B"修改为90°。在"对象属性"选项区域中设置"尺寸"为"10mm""4000mm""4000mm"、"强度"为"-160°"，如图11-54所示。

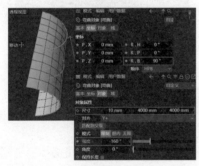

图 11-54

（3）在菜单栏中执行"创建"｜"空白"命令，在"对象｜场次"面板中，将"平面"拖曳到"空白"上，出现↓图标时松开鼠标左键，如图11-55所示。

图 11-55

（4）在菜单栏中执行"运动图形"｜"克隆"命令，创建完成后设置"模式"为"线性"、"数量"为"25"、"位置.Y"为"-0.056mm"。在"对象｜场次"面板中将"空白"拖曳到"克隆"上，出现↓图标时松

开鼠标左键，如图11-56所示。

图 11-56

（5）在菜单栏中执行"运动图形"｜"效果器"｜"步幅"命令，创建完成后进入"效果器"操作面板，设置一个合适的样条，如图11-57所示。

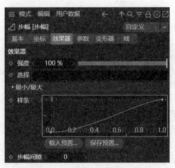

图 11-57

（6）进入"参数"操作面板，取消勾选"缩放"复选框，如图11-58所示。

图 11-58

（7）在"对象 | 场次"面板中选择"克隆"选项，在"效果器"选项区域中设置"效果器"为"步幅"，并将其拖曳到效果器中，如图11-59所示。

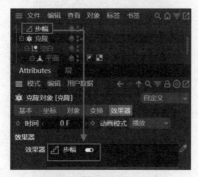

图 11-59

（8）选择"步幅"，进入"参数"操作面板，将时间轴上的时间指针拖曳到0F位置，然后单击"自动关键帧"按钮设置关键帧，如图11-60所示。

图 11-60

（9）单击"时间偏移"左侧的按钮，使其变为红色，并设置其为"70F"，如图11-61所示。

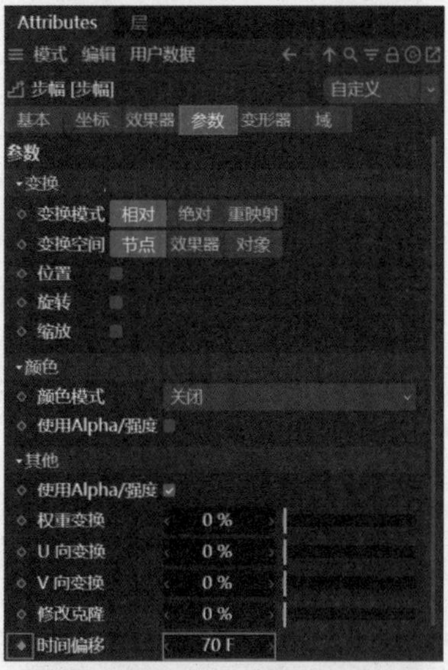

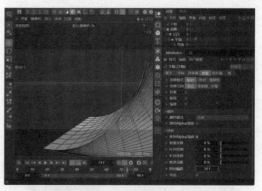

图 11-61

（10）将时间轴上的时间指针拖曳到74F位置，设置"时间偏移"为"30F"，如图11-62所示。

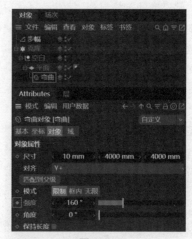

图 11-62

（11）选择"弯曲"，单击"强度"左侧的按钮，使其变为红色，如图11-63所示。

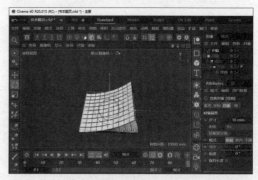

图 11-63

（12）将时间轴上的时间指针拖曳到90F位置，设置"强度"为"0°"，如图11-64所示。

图 11-64

（13）设置完成后，单击"向前播放"按钮播放动画。本案例制作完成，效果如图11-65所示。

Cinema 4D R25 三维建模设计案例教程（全彩慕课版）

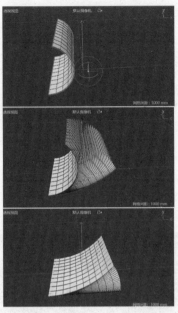

图 11-65

11.10 扩展练习：文字飞散动画

文件路径：资源包\案例文件\第11章
毛发和动画\扩展练习：文字飞散动画

本案例使用"模拟标签""域""关键帧动画"等制作文字逐渐飞散的动画。案例如图11-66所示。

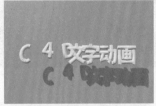

图 11-66

图 11-66（续）

11.10.1 **项目诉求**

本案例是一个动画项目，要求创造一种震撼视觉的三维文字动画，通过具有动态感的三维字体分开与飞散效果，使文字表达的意义更加深刻，同时给予观者一种独特的视觉享受。

11.10.2 **设计思路**

制作具有充气质感的三维文字，让这些文字在飞散的过程中构成一种优美且充满力量的视觉符号，从而引发观者的思考和联想。

11.10.3 **项目实战**

（1）在菜单栏中执行"创建"|"网格参数对象"|"文本"命令，创建完成后设置"深度"为"200mm"、"文本样条"为"C4D文字动画"，选择合适的字体，如图11-67所示。

图 11-67

（2）单击"转为可编辑对象"按钮，将其转换为可编辑的对象，接着在右侧的"对象 | 场次"窗口中选择"标签"|"模拟标签"|"布料"选项，如图11-68所示。

（3）在"对象 | 场次"面板中全选"文本"，单击鼠标右键，在弹出的快捷菜单中选择"连接对象+删除"选项，如图11-69所示。

图 11-68

图 11-69

（4）选中文字，激活"多边形" ，使用"框选" 工具，框选全部多边形，单击鼠标右键选择"三角化"选项，如图11-70所示。

图 11-70

（5）在菜单栏中执行"创建" | "生成器" | "布料曲面"命令，在"对象 | 场次"面板中，将"文本"拖曳到"布料曲面"上，出现 图标时松开鼠标左键，如图11-71所示。

图 11-71

（6）单击"布料标签"下方"文本"右侧的按钮 ，接着在右侧的属性面板中选择"影响"，在"影响"选项区域中设置"重力"为0，如图11-72所示。

（7）在菜单栏中执行"创建" | "域" | "球体域"命令，并将其放置在合适的位置，如图11-73所示。

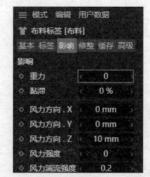

图 11-72

图 11-73

（8）在菜单栏中执行"模拟" | "力场" | "吸引场"命令，在右侧的属性面板中选择"对象"，设置"强度"为"-20000"、"速度限制"为"2000mm"，在"对象 | 场次"面板中将"球体域"拖曳到"吸引场"上，出现 图标时松开鼠标左键，如图11-74所示。

图 11-74

（9）将时间轴上的时间指针拖曳到0F位置，然后单击"自动关键帧"按钮 设置关键帧，再单击"记录活动对象"按钮 设置关键帧，如图11-75所示。

图 11-75

（10）将时间轴上的时间指针拖曳到60F位置，使用"移动工具"将"球体域"移动到合适的位置，单击"记录活动对象"按钮◎设置关键帧，如图11-76所示。

图 11-76

（11）设置完成后，单击"向前播放"按钮▶播放动画。本案例制作完成，效果如图11-77所示。

图 11-77

11.11 课后习题

一、选择题

1. Cinema 4D中的毛发可以在哪个菜单下找到？（　　）
   A．模拟菜单
   B．创建菜单
   C．动画菜单
   D．渲染菜单

2. 在Cinema 4D中，以下哪个选项不能调整毛发的属性？（　　）
   A．毛发长度
   B．毛发粗细
   C．毛发颜色
   D．毛发质量

3. 在Cinema 4D中，如果你想让一个物体在特定的时间开始和结束运动，你应该设置（　　）。
   A．开始和结束关键帧
   B．开始和结束帧率
   C．开始和结束时间代码
   D．开始和结束动画预设

二、填空题

1. 为模型添加毛发后可以使用"毛发工具"中的_____工具来手动梳理毛发。

2. 在Cinema 4D中，通过使用_____和_____可以制作关键帧动画。

三、判断题

1. 在Cinema 4D中，只有物体的位置可以添加关键帧。（　　）

2. 在Cinema 4D中，可以对毛发进行梳理、卷曲、修剪设置。
（　　）

● 制作钟表动画

作业要求：请运用本章所学习的"关键帧动画"技术，制作一个模拟钟表指针运动的动画。要求动画时长为20 s。在操作过程中，需要特别注意的是秒针部分，首先需要将秒针"转为可编辑对象"，然后需要激活"启用轴心"并适当调整轴心位置，以确保秒针能够在正确的位置进行旋转。最后设置秒针每秒旋转6°，并在每次旋转后记录一次关键帧，以达到模拟秒针运动的效果。

第12章

产品展示设计

本章对"呈现中国传统新年氛围的化妆品展示设计"进行项目式解析。

本章要点

设计目标

本设计旨在以红色和金色为主要色彩元素，创造一个呈现中国传统新年氛围的化妆品展示设计。设计中的颜色选择与产品瓶身的红、黄渐变色相互呼应，以达到产品与环境的整体和谐。

设计元素

（1）颜色：设计中主要运用了红色和金色，其中红色面积较大，金色面积较小。红色象征着中国新年的热闹、喜庆，而金色则象征着富贵、吉祥。这样的颜色组合旨在营造出浓厚的节日氛围。

（2）背景：背景中间远处设计了两把金色的扇子，不仅增加了金色元素，也寓意着好运"扇"入。

（3）产品展示：画面前方摆放了几个红色盒子，盒子上展示了化妆品。红色盒子和产品包装的红色元素相得益彰，强调了节日的主题。

（4）配饰：画面两侧加入红色鞭炮元素，增强了中国新年的传统感。同时，整个画面中还加入了金色的"洒金"特效装饰，象征着新年洒下的金色祝福，为整体设计增添了生动感和活力。

12.1 渲染设置

（1）执行"文件"|"打开"命令，打开本案例对应的场景文件"01.c4d"，如图12-1所示。

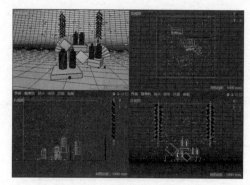

图 12-1

（2）单击工具栏中的"编辑渲染设置"按钮 ⚙，开始设置渲染参数。设置"渲染器"为"物理"，如图12-2所示。

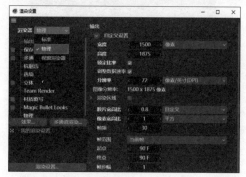

图 12-2

（3）单击"输出"选项，在右侧"输出"选项面板中设置输出尺寸，如图12-3所示。

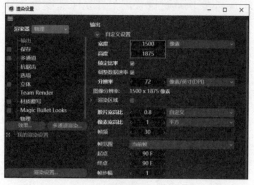

图 12-3

（4）单击"抗锯齿"选项，在右侧的"抗锯齿"选项面板中设置"过渡"为"Mitchell"，如图12-4所示。

（5）单击"物理"选项，在右侧的"采样器"选项区域中设置"采样器"为"递增"，如图12-5所示。

图 12-4

图 12-5

12.2 灯光设置

本案例通过设置三个灯光照亮场景，分别为右侧灯光、正面灯光、左侧灯光，从而照射出柔和、均匀的光线效果。

12.2.1 设置右侧灯光

（1）执行"创建"|"灯光"|"区域光"命令，创建一盏"区域光"。将其放在透视视图的左侧，并做适当旋转，如图12-6所示。

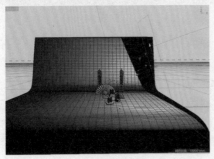

图 12-6

（2）设置该灯光参数。进入"常规"选项卡，设置"颜色"为"白色"、"强度"为"40%"、"类型"为"区域光"、"投影"为"区域"，如图12-7所示。

图 12-7

（3）单击"细节"标签，在"细节"选项区域中设置"外部半径"为"1175mm"、"水平尺寸"为"2350mm"、"垂直尺寸"为"10000mm"、"衰减"为"平方倒数（物理精度）"、"半径衰减"为"23160mm"，如图12-8所示。

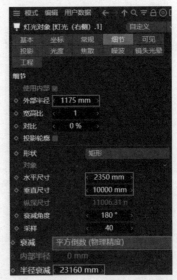

图 12-8

（4）单击"可见"标签，在"可见"选项区域中设置"内部距离"为"80mm"、"外部距离"为"80mm"、"采样属性"为"1000mm"，如图12-9所示。

Cinema 4D R25 三维建模设计案例教程（全彩慕课版）

图 12-9

（5）单击"渲染到图片查看器"按钮
![img]，渲染效果如图12-10所示。

图 12-10

12.2.2 设置正面灯光

（1）执行"创建"|"灯光"|"区域光"
命令，创建一盏"区域光"，将其放置在
透视视图中间，并做适当旋转，如图12-11
所示。

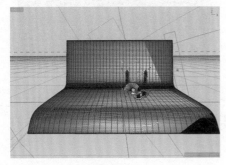

图 12-11

（2）设置该灯光参数。单击"常规"标
签，设置"颜色"为"白色"、"强度"为
"50%"、"类型"为"区域光"、"投影"为
"区域"，如图12-12所示。

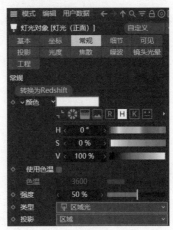

图 12-12

（3）单击"细节"标签，设置"外
部半径"为"1175mm"、"水平尺寸"为
"2350mm"、"垂直尺寸"为"10000mm"、"衰
减"为"平方倒数（物理精度）"、"半径衰减"
为"23160mm"，如图12-13所示。

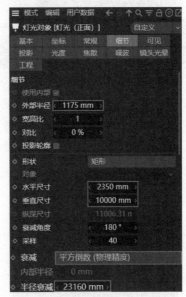

图 12-13

（4）单击"渲染到图片查看器"按钮
![img]，渲染效果如图12-14所示。

图 12-14

12.2.3 设置左侧灯光

（1）执行"创建"|"灯光"|"区域光"命令，创建一盏"区域光"，将其放置在透视视图左侧，并做适当旋转，如图12-15所示。

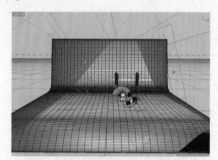

图 12-15

（2）设置该灯光参数。单击"常规"标签，设置"颜色"为"白色"、"强度"为"80%"、"类型"为"区域光"，"投影"为"区域"，如图12-16所示。

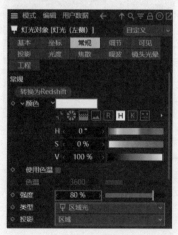

图 12-16

（3）单击"细节"标签，设置"外部半径"为"1175mm"、"水平尺寸"为"2350mm"、"垂直尺寸"为"7030mm"、"衰减"为"平方倒数（物理精度）"、"半径衰减"为"10310mm"，如图12-17所示。

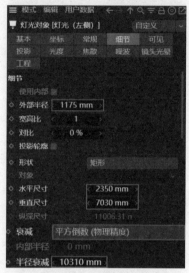

图 12-17

（4）单击"可见"标签，在"可见"选项区域中设置"内部距离"为"80mm"、"外部距离"为"80mm"、"采样属性"为"1000mm"，如图12-18所示。

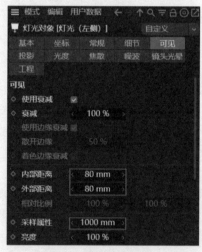

图 12-18

（5）单击"渲染到图片查看器"按钮，渲染效果如图12-19所示。

Cinema 4D R25 三维建模设计案例教程（全彩慕课版）

图 12-19

12.3 材质设置

本案例的材质主要包括橙色化妆品瓶身材质、黑色瓶帽材质、金色材质、红色盒子材质、背景材质、反射环境材质。

12.3.1 橙色化妆瓶身材质

（1）在"材质管理器"面板中选择"创建"｜"新的默认材质"选项，如图12-20所示。此时"材质管理器"面板的空白区域出现了一个材质球，如图12-21所示。

图 12-20

图 12-21

（2）在"材质管理器"面板中双击该材质球，弹出"材质编辑器"窗口，将材质命名为"橙色化妆瓶"。在左侧边栏中勾选"颜色"复选框，设置"颜色"为橙色，单击纹

理右侧的 ■ 按钮，选择"渐变"选项。单击进入"渐变"，设置渐变颜色由橙色到橙红色，如图12-22所示。

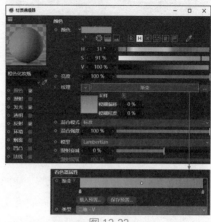

图 12-22

（3）在左侧边栏中勾选"发光"复选框，设置"颜色"为橙红色、"亮度"为30，如图12-23所示。

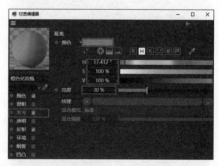

图 12-23

（4）在左侧边栏中选择"反射"复选框，单击"移除"按钮，如图12-24所示。

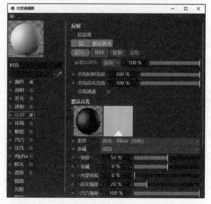

图 12-24

（5）单击"添加"按钮，选择"反射（传统）"选项，如图12-25所示。

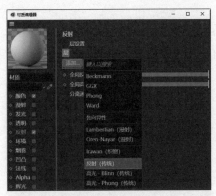

图 12-25

（6）在左侧边栏中勾选"反射"复选框，选择"层1"，设置"粗糙度"为0%，"高光强度"为0%。单击"纹理"后方的■按钮，选择"菲涅尔（Fresnel）"，设置"亮度"为3%、"混合强度"为35%，如图12-26所示。

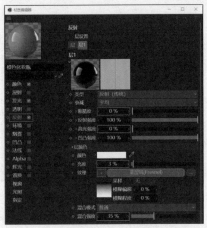

图 12-26

（7）将调节完成的"橙色化妆瓶"材质赋给场景中的模型，如图12-27所示。

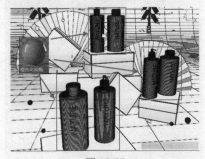

图 12-27

（8）单击"渲染到图片查看器"按钮■，渲染效果如图12-28所示。

图 12-28

12.3.2 黑色瓶帽材质

（1）在"材质管理器"面板中选择"创建"｜"新的默认材质"选项。此时"材质管理器"面板的空白区域出现了一个材质球，如图12-29所示。

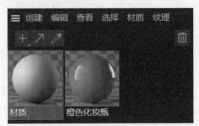

图 12-29

（2）在"材质管理器"面板中双击该材质球，打开"材质编辑器"窗口，将材质命名为"黑色瓶帽"。在左侧边栏中勾选"颜色"复选框，设置"颜色"为黑色，如图12-30所示。

图 12-30

（3）在左侧边栏中勾选"反射"复选框，在右侧的"反射"面板中单击"移除"按钮，如图12-31所示。

（4）单击"添加"按钮，选择"反射（传统）"选项，如图12-32所示。

Cinema 4D R25 三维建模设计案例教程（全彩慕课版）

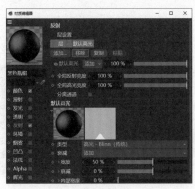

图 12-31

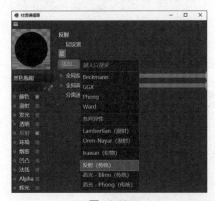

图 12-32

（5）在左侧边栏中勾选"反射"复选框，选择"层1"，设置"粗糙度"为"20%"、"反射强度"为"1000%"、"高光强度"为"0%"。单击"纹理"后方的 按钮，选择"菲涅尔（Fresnel）"，设置"亮度"设置为5%、"混合强度"为23%，如图12-33所示。

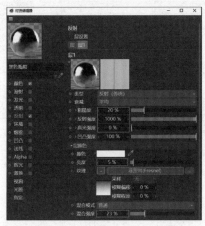

图 12-33

（6）将调节完成的"黑色瓶帽"材质赋给场景中的模型，如图12-34所示。

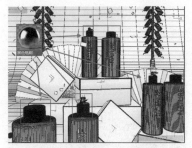

图 12-34

12.3.3 金色材质

（1）在"材质管理器"面板中选择"创建"｜"新的默认材质"选项。此时"材质管理器"面板的空白区域出现了一个材质球，如图12-35所示。

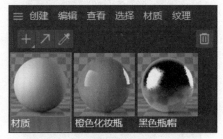

图 12-35

（2）在"材质管理器"面板中双击该材质球，弹出"材质编辑器"窗口，将材质命名为"金"。在左侧边栏中勾选"颜色"复选框，设置"颜色"为土黄色，如图12-36所示。

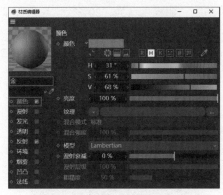

图 12-36

（3）勾选"反射"复选框，单击"移除"按钮，如图12-37所示。

（4）在左侧边栏中勾选"反射"复选框，在右侧的"反射"选项面板中选择"添加",在弹出的快捷菜单中选择"GGX"模式,如图12-38所示。

图 12-37

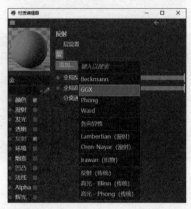

图 12-38

(5)在左侧边栏中勾选"反射"复选框,在右侧的"反射"选项面板中选择"层1",设置"类型"为"GGX"、"衰减"为"平均"、"粗糙度"为"20%"、"反射强度"为"300%"、"高光强度"为"100%",并设置"层颜色"的"颜色"为土黄色,如图12-39所示。

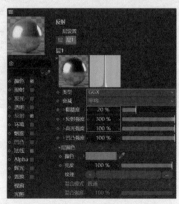

图 12-39

(6)设置"全局高光亮度"为0%,如图12-40所示。

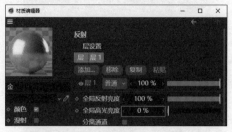

图 12-40

(7)勾选"法线"复选框,单击"纹理"后方的 按钮,选择"加载图像"选项,并加载贴图"smallgrimen.jpg",如图12-41所示。

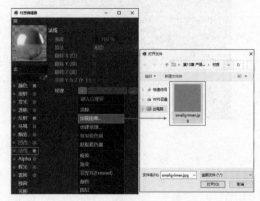

图 12-41

(8)将调节完成的"金"材质赋给场景中的球体模型及发射器的平面模型,如图12-42所示。

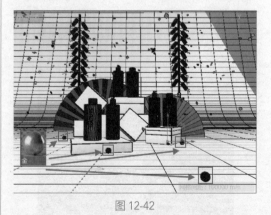

图 12-42

(9)单击"渲染到图片查看器"按钮 ,渲染效果如图12-43所示。

图 12-43

12.3.4 红色盒子材质

（1）在"材质管理器"面板中选择"创建"｜"新的默认材质"选项。此时"材质管理器"面板的空白区域出现了一个材质球，如图12-44所示。

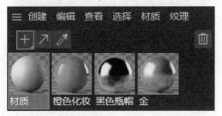

图 12-44

（2）在"材质管理器"面板中双击该材质球，打开"材质编辑器"窗口，将材质命名为"红色盒子"。在左侧边栏中勾选"颜色"复选框，设置"颜色"为红色，如图12-45所示。

（3）在左侧边栏中勾选"反射"复选框，在右侧的"反射"选项面板中单击"移除"按钮，如图12-46所示。

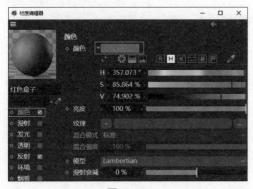

图 12-45

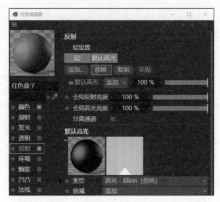

图 12-46

（4）单击"添加"按钮，在弹出的快捷菜单中选择"反射（传统）"选项，如图12-47所示。

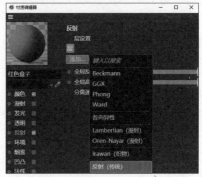

图 12-47

（5）在"层1"下设置"粗糙度"为"8%"、"反射强度"为"200%"、"高光强度"为"0%"。在"层颜色"选项区域中设置"颜色"为白色、"亮度"为5%，单击"纹理"后方的█按钮，选择"菲涅尔（Fresnel）"，设置"混合强度"为23%，如图12-48所示。

图 12-48

（6）将调节完成的"红色盒子"材质赋予场景的模型中，如图12-49所示。

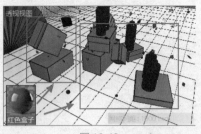

图12-49

12.3.5 背景材质

（1）在"材质管理器"面板中选择"创建"|"新的默认材质"选项。此时"材质管理器"面板的空白区域出现了一个材质球，如图12-50所示。

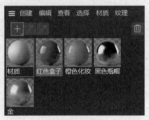

图12-50

（2）在"材质管理器"面板中双击该材质球，打开"材质编辑器"窗口，将材质命名为"背景"。在左侧边栏中勾选"颜色"复选框，设置"颜色"为红色，如图12-51所示。

（3）在左侧边栏中勾选"反射"复选框，在右侧的"反射"选项区域中单击"移除"按钮，如图12-52所示。

图12-51

（4）将调节完成的"背景"材质赋给场景中的鞭炮及背景平面的模型，如

图12-53所示。

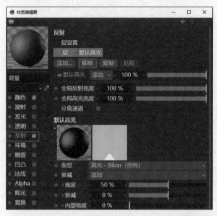

图12-52

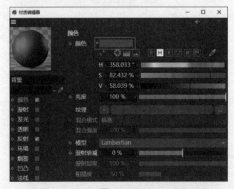

图12-53

12.3.6 反射环境材质

（1）在"材质管理器"面板中选择"创建"|"新的默认材质"选项。此时"材质管理器"面板的空白区域出现了一个材质球，如图12-54所示。

（2）在"材质管理器"面板中双击该材质球，打开"材质编辑器"窗口，将材质命名为"反射环境"。在左侧边栏中取消勾选"颜色"复选框，取消勾选"反射"复选框。勾选"发光"复选框，设置"颜色"为白色、"亮度"为"200%"，单击"纹理"后方的■按钮，选择"加载图像"选项，并加载"HDR009.hdr"文件，如图12-55所示。

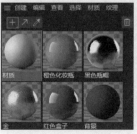

图12-54

Cinema 4D R25 三维建模设计案例教程（全彩慕课版）

190

图 12-55

（3）将调节完成的"背景"材质赋给场景中的天空模型，如图12-56所示。

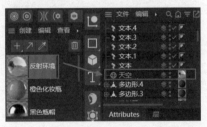

图 12-56

12.4 设置摄像机并渲染

下面开始为视图创建摄像机，并进行最终渲染。

12.4.1 设置摄像机

（1）进入透视视图，按住Alt键拖曳鼠标旋转视图，滑动鼠标滚轮缩放视图，按住Alt键和鼠标中轮并拖曳鼠标，将视图调整至当前效果，如图12-57所示。

图 12-57

（2）在菜单栏中执行"创建"|"摄像机"|"摄像机"命令，如图12-58所示。

（3）单击"摄像机"后方的▣按钮，使其变为▣按钮，如图12-59所示。

图 12-58

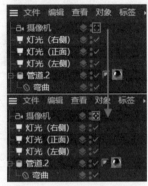

图 12-59

12.4.2 渲染作品

确认"摄像机"后方的按钮为▣，并且当前的视角是正确的。单击"渲染到图片查看器"按钮▣，最终渲染效果如图12-60所示。

图 12-60

第13章

电商促销广告设计

本章对"消费日促销广告设计"进行项目式解析。

本章要点

设计目标

本设计传达"低价来啦！消费日拯救不开心"的主题，体现出愉快的购物氛围，使消费者体验到热闹和喜庆的气氛。其旨在吸引消费者参与活动，实现销量的提升。

设计元素

（1）彩色气球：空中飘浮着大量彩色的气球，在增加画面的活跃度和趣味性的同时，象征着庆祝和欢乐。

（2）圆柱形展台：中心放置一个圆柱形展台，给广告赋予了空间感，让消费者更有代入感。展台上摆放了促销产品，醒目的价格标签提示消费者此次促销活动的优惠幅度。

（3）促销文字和LOGO：在展台周围和上方设计了促销文字和LOGO，简洁、明了地传达了活动主题，同时提高了品牌辨识度。

（4）设计主色调：使用黄色和橙色渐变作为背景，配以多彩气球，强调活动的热烈、活力和喜庆感，同时也唤起了消费者的购物热情。

13.1 设置渲染

（1）执行"文件"|"打开"命令，打开本案例对应的场景文件"01.c4d"，如图13-1所示。

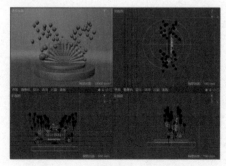

图 13-1

（2）单击工具栏中的"编辑渲染设置"按钮，开始设置渲染参数。设置"渲染器"为"物理"，如图13-2所示。

图 13-2

（3）在左侧列表中单击"输出"选项，在右侧"输出"选项面板中设置输出尺寸，如图13-3所示。

图 13-3

（4）在左侧列表中单击"抗锯齿"选项，在"抗锯齿"选项面板中设置"过渡"为"Mitchell"，如图13-4所示。

图 13-4

（5）在左侧列表中单击"效果"选项，在弹出的快捷菜单中选择"全局光照"选项，如图13-5所示。

图 13-5

（6）在右侧"全局光照"选项面板的"常规"选项区域中设置"主算法"为"辐照缓存"、"次级算法"为"准蒙特卡罗（QMC）"，如图13-6所示。

图 13-6

13.2 设置灯光

本案例通过设置右侧灯光、左侧灯光、前方灯光、背景灯光四个灯光照亮场景，从而营造出柔和、均匀的光线效果。

13.2.1 设置右侧灯光

（1）执行"创建"｜"灯光"｜"区域光"命令，创建一盏"区域光"。将其放在透视视图右侧，并做适当旋转，如图13-7所示。

图 13-7

（2）设置该灯光参数。单击"常规"标签，在"常规"选项卡中设置"颜色"为"浅灰色"、"强度"为"80%"、"类型"为"区域光"、"投影"为"区域"，如图13-8所示。

图 13-8

（3）单击"细节"标签，设置"外部半径"为"1600mm"、"水平尺寸"为"3200mm"、"垂直尺寸"为"3200mm"、"衰减"为"平方倒数（物理精度）"、"半径衰减"为"5000mm"，如图13-9所示。

（4）单击"可见"标签，在"可见"选项面板中设置"内部距离"为"0mm"、"外部距离"为"8000mm"、"采样属性"为"400mm"，如图13-10所示。

Cinema 4D R25 三维建模设计案例教程（全彩慕课版）

图 13-9

图 13-10

（5）单击"渲染到图片查看器"按钮 进行渲染，效果如图13-11所示。

图 13-11

（1）执行"创建"|"灯光"|"区域光"命令，创建一盏"区域光"，将其放置在透视视图左侧，并做适当旋转，如图13-12所示。

图 13-12

（2）设置该灯光参数。单击"常规"标签，在"常规"选项卡中设置"颜色"为土黄色、"强度"为"105%"、"类型"为"区域光"、"投影"为"区域"，如图13-13所示。

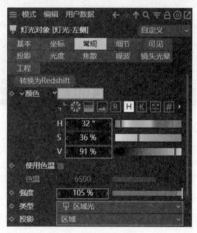

图 13-13

（3）单击"细节"标签，设置"外部半径"为"1241mm"、"水平尺寸"为"2482mm"、"垂直尺寸"为"2482mm"、"衰减"为"平方倒数（物理精度）"、"半径衰减"为"3200mm"，如图13-14所示。

（4）单击"渲染到图片查看器"按钮 进行渲染，渲染效果如图13-15所示。

第 *13* 章 电商促销广告设计

图 13-14

图 13-15

13.2.3 设置照射前方灯光

（1）执行"创建"|"灯光"|"区域光"命令，创建一盏"区域光"，将其放置在透视视图中左靠中间的位置，并做适当旋转，如图13-16所示。

图 13-16

（2）设置该灯光参数。单击"常规"标签，在"常规"选项面板中设置"颜色"为浅灰色、"强度"为160%、"类型"为"区域光"、"投影"为"区域"，如图13-17所示。

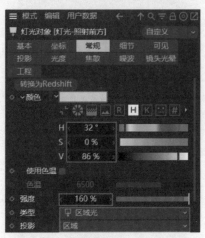

图 13-17

（3）单击"细节"标签，设置"外部半径"为"700mm"、"水平尺寸"为"1400mm"、"垂直尺寸"为"1400mm"、"衰减"为"平方倒数（物理精度）"、"半径衰减"为"2800mm"，如图13-18所示。

图 13-18

（4）单击"可见"标签，在"可见"选项面板中设置"内部距离"为"0mm"、"外

Cinema 4D R25 三维建模设计案例教程（全彩慕课版）

部距离"为"3450mm"、"采样属性"为"170mm",如图13-19所示。

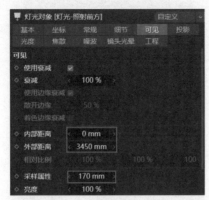

图 13-19

（5）单击"渲染到图片查看器"按钮 ![按钮]，渲染效果如图13-20所示。

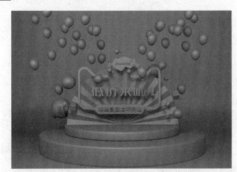

图 13-20

13.2.4 设置背景灯光

（1）执行"创建"｜"灯光"｜"区域光"命令，创建一盏"区域光"，将其放置在透视视图左侧，并适当旋转位置，使其倾斜照向背景，如图13-21所示。

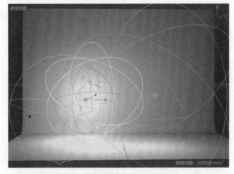

图 13-21

（2）设置该灯光参数。单击"常规"标签，在"常规"选项面板中设置"颜色"为灰色、"强度"为"180%"、"类型"为"区域光"、"投影"为"区域"，如图13-22所示。

图 13-22

（3）单击"细节"标签，在"细节"选项面板中设置"外部半径"为"875mm"、"水平尺寸"为"1750mm"、"垂直尺寸"为"1750mm"、"衰减"为"平方倒数（物理精度）"、"半径衰减"为"2220mm"，如图13-23所示。

图 13-23

（4）单击"可见"标签，在"可见"选项面板中设置"内部距离"为"0mm"、"外部距离"为"4400mm"、"采样属性"为"220mm",如图13-24所示。

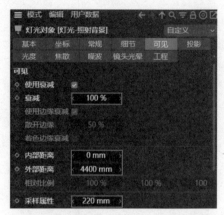

图 13-24

(5)单击"渲染到图片查看器"按钮 ，渲染效果如图13-25所示。

图 13-25

13.3 材质设置

本案例的材质主要包括背景材质、光滑地面材质、扇子材质、渐变材质、透明材质、白色文字材质、气球(粉色)材质、金色材质、光滑渐变材质。

13.3.1 背景材质

制作背景材质的步骤如下。

(1)在"材质管理器"面板中选择"创建"|"新的默认材质"选项,如图13-26所示。此时"材质管理器"面板的空白区域出现了一个材质球,如图13-27所示。

图 13-26

图 13-27

(2)在"材质管理器"面板中双击该材质球,弹出"材质编辑器"窗口,将材质命名为"背景"。在左侧边栏中勾选"颜色"复选框,设置"颜色"为土黄色,如图13-28所示。

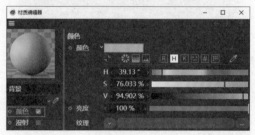

图 13-28

(3)在左侧边栏中勾选"反射"复选框,在"反射"选项面板中单击"移除"按钮,如图13-29所示。

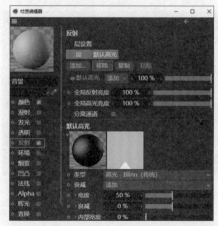

图 13-29

Cinema 4D R25 三维建模设计案例教程(全彩慕课版)

198

（4）将调节完成的"背景"材质赋给场景中的背景，如图13-30所示。

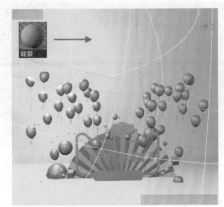

图 13-30

13.3.2 光滑地面材质

制作光滑地面材质的步骤如下。

（1）在"材质管理器"面板中选择"创建"｜"新的默认材质"选项。此时"材质管理器"面板的空白区域出现了一个材质球，如图13-31所示。

图 13-31

（2）在"材质管理器"面板中双击该材质球，打开"材质编辑器"窗口，将材质命名为"光滑地面"。在左侧边栏中勾选"颜色"复选框，设置"颜色"为黄色，如图13-32所示。

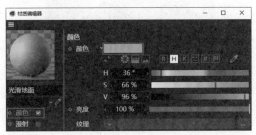

图 13-32

（3）在左侧边栏中勾选"反射"复选框，在"反射"选项面板中单击"移除"按钮，如图13-33所示。

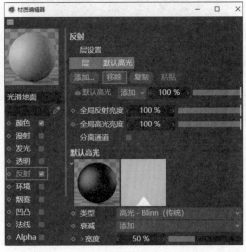

图 13-33

（4）单击"添加"下拉列表，选择"反射（传统）"选项，如图13-34所示。

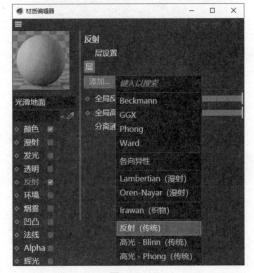

图 13-34

（5）在左侧边栏中勾选"反射"复选框，选择"层1"，设置"粗糙度"为"8%"、"高光强度"为"0%"。单击"纹理"后方的■按钮，选择"菲涅尔（Fresnel）"，设置"亮度"为"5%"、"混合强度"为"23%"，如图13-35所示。

（6）将调节完成的"光滑地面"材质赋给场景中的模型，效果如图13-36所示。

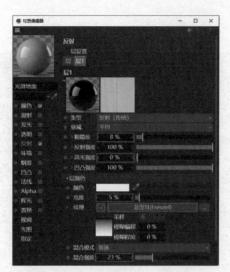

图 13-35

图 13-36

13.3.3 扇子材质

制作扇子材质的步骤如下。

（1）在"材质管理器"面板中选择"创建"丨"新的默认材质"选项。此时"材质管理器"面板的空白区域出现了一个材质球，如图13-37所示。

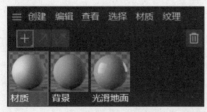

图 13-37

（2）在"材质管理器"面板中双击该材质球，弹出"材质编辑器"窗口，将材质命名为"扇子"。在左侧边栏中勾选"颜色"复选框，在右侧"颜色"选项面板中设置

"颜色"为橙色，如图13-38所示。

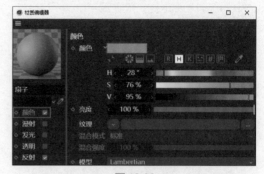

图 13-38

（3）将调节完成的"扇子"材质赋给场景中的模型，效果如图13-39所示。

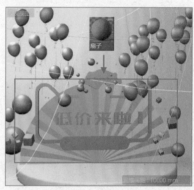

图 13-39

13.3.4 渐变材质

（1）在"材质管理器"面板中选择"创建"丨"新的默认材质"选项。此时"材质管理器"面板的空白区域出现了一个材质球，如图13-40所示。

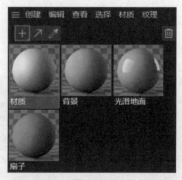

图 13-40

（2）在"材质管理器"面板中双击该材质球，打开"材质编辑器"窗口，将材质命名为"渐变"。在左侧边栏中勾选"颜色"

复选项，设置"颜色"为白色，单击"纹理"右侧的■按钮，在下拉列表中选择"渐变"，接着单击进入渐变，设置为浅粉色、粉色、红色的渐变，并设置"类型"为"二维-V"，如图13-41所示。

图 13-41

（3）在左侧边栏中勾选"反射"复选框，在右侧的"反射"选项面板中单击"移除"按钮，如图13-42所示。

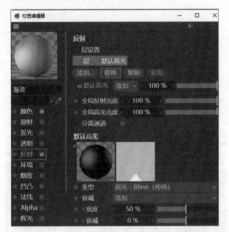

图 13-42

（4）单击"添加"按钮，在弹出的下拉列表中选择"反射（传统）"选项，如图13-43所示。

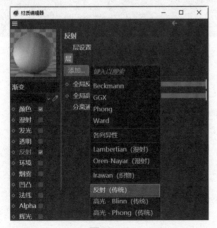

图 13-43

（5）在左侧边栏中勾选"反射"复选框，在右侧的"反射"选项面板中选择"层1"，设置"粗糙度"为"8%"、"反射强度"为"200%"、"高光强度"为"0%"。单击"纹理"右侧的■按钮，选择"菲涅尔（Fresnel）"选项，设置"亮度"为"10%"、"混合强度"为"25%"，如图13-44所示。

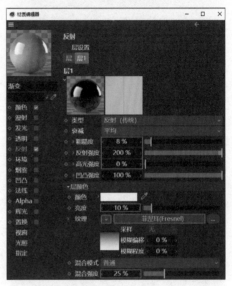

图 13-44

（6）将调节完成的"渐变"材质赋给场景中的模型，效果如图13-45所示。

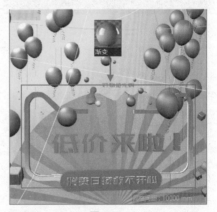

图 13-45

13.3.5 透明材质

制作透明材质的步骤如下。

（1）在"材质管理器"面板中选择"创建"｜"新的默认材质"选项。此时"材质管理器"面板的空白区域出现了一个材质球，如图13-46所示。

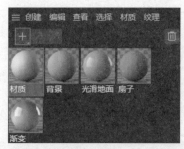

图 13-46

（2）在"材质管理器"面板中使用鼠标
左键双击该材质球，打开"材质编辑器"窗
口，将材质命名为"透明"。在左侧边栏中
勾选"透明"复选框，设置"折射率"为
1.5，如图13-47所示。

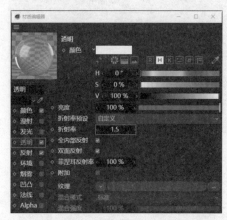

图 13-47

（3）将调节完成的"透明"材质赋给
场景中的文字背景的模型，效果如图13-48
所示。

图 13-48

13.3.6 白色文字材质

制作白色文字材质的步骤如下。

（1）在"材质管理器"面板中选择"创
建"｜"新的默认材质"选项。此时"材质
管理器"面板的空白区域出现了一个材质
球，如图13-49所示。

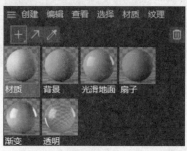

图 13-49

（2）在"材质管理器"面板中双击该材
质球，弹出"材质编辑器"窗口，将材质命
名为"白色文字"。在左侧边栏中勾选"反
射"复选框，在"反射"选项面板中单击"移
除"按钮，如图13-50所示。

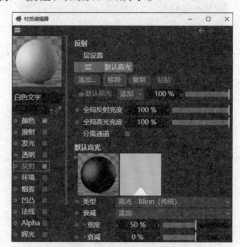

图 13-50

（3）单击"添加"按钮，在弹出的下
拉列表中选择"反射（传统）"选项，如
图13-51所示。

（4）在"层1"下设置"粗糙度"为
"8%"、"高光强度"为"0%"，在"层颜
色"选项区域中设置"亮度"为"5%"，
单击"纹理"右侧的█按钮，选择"菲涅
耳（Fresnel）"选项，设置"混合强度"为
"23%"，如图13-52所示。

Cinema 4D R25 三维建模设计案例教程（全彩慕课版）

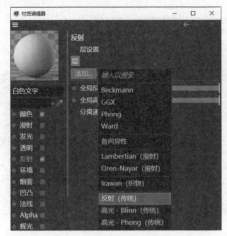

图 13-51

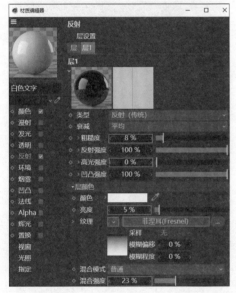

图 13-52

（5）将调节完成的"白色文字"材质赋给场景中的模型，效果如图13-53所示。

图 13-53

制作气球（粉色）材质的步骤如下。

（1）在"材质管理器"面板中选择"创建" | "新的默认材质"选项。此时"材质管理器"面板的空白区域出现了一个材质球，如图13-54所示。

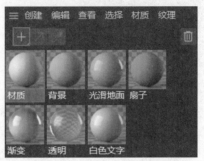

图 13-54

（2）在"材质管理器"面板中双击该材质球，弹出"材质编辑器"窗口，将材质命名为"气球-粉色"。在左侧边栏中选择"颜色"选项，在"颜色"选项面板中设置"颜色"为黑色，单击"纹理"右侧的■按钮，选择"过滤"选项，如图13-55所示。

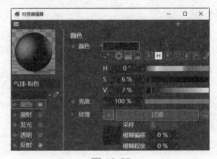

图 13-55

（3）进入"过滤"选项面板，单击"纹理"右侧的■按钮，选择"颜色"，并设置"颜色"为黑色，如图13-56所示。

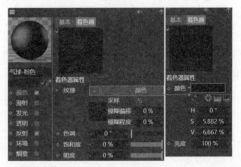

图 13-56

（4）在左侧边栏中勾选"反射"复选框，选择"默认高光"。单击"纹理"右侧的■按钮，选择"过滤"选项。进入"着色器"选项面板，单击"纹理"右侧的■按钮，选择"颜色"选项，如图13-57所示。

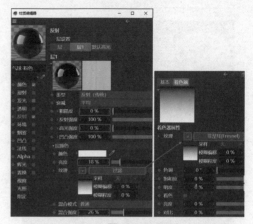

图 13-59

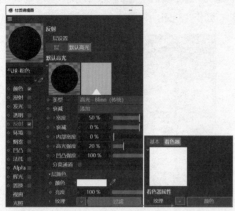

图 13-57

（5）单击"添加"按钮，勾选"反射（传统）"复选框，如图13-58所示。

图 13-58

（6）在左侧边栏中勾选"反射"复选框，选择"层1"，设置"粗糙度"为0%、"高光强度"为0%、"亮度"为18%、"混合强度"为26%，单击"纹理"右侧的■按钮，选择"过滤"，进入"着色器"选项面板，单击"纹理"右侧的■按钮，选择"菲涅耳（Fresnel）"选项，如图13-59所示。

（7）选中"层""层1""默认高光"，并设置顺序，将"默认高光"拖曳至"层1"上方，并设置"默认高光"的"类型"为"高光-Phong（传统）"，如图13-60所示。

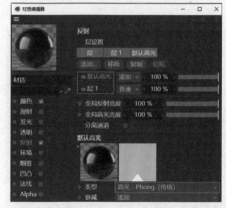

图 13-60

（8）在左侧边栏中勾选"发光"复选框，设置"颜色"为粉红色、"混合模式"为"添加"。单击"纹理"右侧的■按钮，选择"过滤"选项，如图13-61所示。

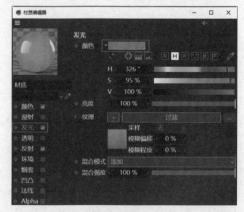

图 13-61

（9）进入"着色器"选项面板，单击"纹理"右侧的■按钮，选择"菲涅耳（Fresnel）"选项，并设置两个颜色为粉色和浅粉色，如图13-62所示。

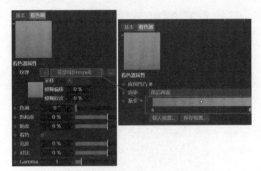

图 13-62

（10）将调节完成的"气球（粉色）材质"赋给场景中的模型，如图13-63所示。

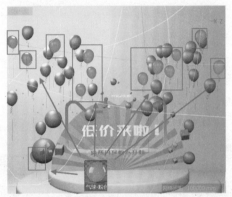

图 13-63

13.3.8　金色材质

制作金色材质的步骤如下。

（1）在"材质管理器"面板中执行"创建"｜"新的默认材质"。此时"材质管理器"面板的空白区域出现了一个材质球，如图13-64所示。

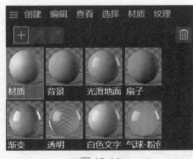

图 13-64

（2）在"材质管理器"面板中使用鼠标左键双击该材质球，打开"材质编辑器"窗口，将材质命名为"金材质.1"。在左侧边

栏中勾选"颜色"复选框，设置"颜色"为褐色，如图13-65所示。

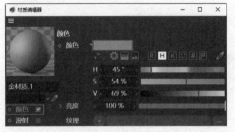

图 13-65

（3）在左侧边栏中勾选"反射"复选框，选择"默认高光"选项，设置"类型"为"高光-Phong（传统）"，如图13-66所示。

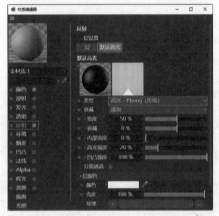

图 13-66

（4）单击"添加"按钮，选择"反射（传统）"选项，如图13-67所示。

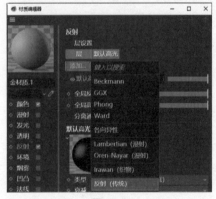

图 13-67

（5）在左侧边栏中勾选"反射"复选框，选择"层1"，设置"粗糙度"为10%、"高光强度"为20%。单击"纹理"右侧的按钮，选择"菲涅耳（Fresnel）"选项，

进入"着色器"选项面板，将"渐变"设置为两种浅黄色，如图13-68所示。

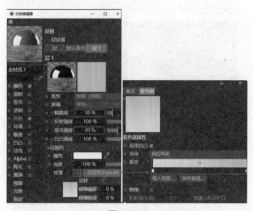

图 13-68

（6）选中"层""层1""默认高光"，并设置顺序，将"默认高光"拖曳至"层1"上方，如图13-69所示。

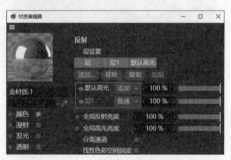

图 13-69

（7）将调节完成的"金色材质"材质赋给场景中的模型，如图13-70所示。

图 13-70

13.3.9 光滑渐变材质

制作光滑渐变材质的步骤如下。

（1）在"材质管理器"面板中执行"创建" | "新的默认材质"。此时"材质管理器"面板的空白区域出现了一个材质球，如

图13-71所示。

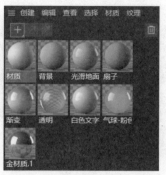

图 13-71

（2）在"材质管理器"面板中使用鼠标左键双击该材质球，打开"材质编辑器"窗口，将材质命名为"光滑渐变"。在左侧边栏中勾选"颜色"复选框，设置"颜色"为橙色，单击"纹理"右侧的按钮，选择"渐变"，进入"着色器"选项面板，设置红橙黄绿青蓝紫的渐变，设置"类型"为"二维-V"，如图13-72所示。

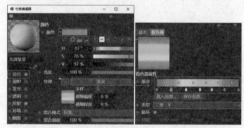

图 13-72

（3）在左侧边栏中勾选"发光"复选框，设置"颜色"为橙色、"亮度"为100%，如图13-73所示。

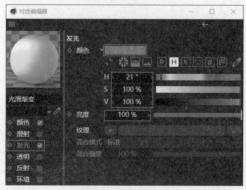

图 13-73

（4）在左侧边栏中勾选"透明"复选框，设置"颜色"为褐色、"亮度"为

100%、"折射率"设置为1，勾选"全内部反射"和"双面反射"复选框，设置"菲涅尔反射率"为100%、"吸收颜色"为白色、"吸收距离"为1000mm，如图13-74所示。

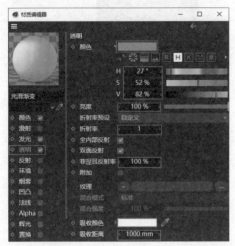

图 13-74

（5）在左侧边栏中勾选"反射"框，选择"*透明度*"，设置"类型"为"反射（传统）"、"粗糙度"为9%、"反射强度"为100%、"高光强度"为0%、"凹凸强度"为100%，如图13-75所示。

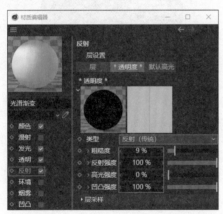

图 13-75

（6）单击"添加"按钮，选择"反射（传统）"选项，如图13-76所示。

（7）在左侧边栏中勾选"反射"复选框，选择"层1"，设置"粗糙度"为9%、"高光强度"为0%。单击"纹理"右侧的■按钮，选择"菲涅耳（Fresnel）"选项，如图13-77所示。

图 13-76

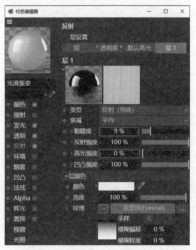

图 13-77

（8）选中"层""*透明度*""层1""默认高光"，并按顺序进行设置，将"默认高光"拖曳至"层1"上方，如图13-78所示。

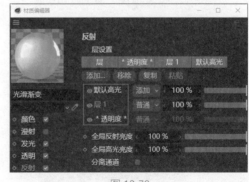

图 13-78

（9）将调节完成的"光滑渐变"材质赋给场景中的模型，如图13-79所示。

图 13-79

（10）使用相同的方法制作出其他材质，并将其放置到相应的模型上，如图13-80所示。

图 13-80

13.4 设置摄像机并渲染

接下来设置摄像机并进行渲染。

13.4.1 摄像机设置

接下来开始为视图创建摄像机，并进行最终的渲染。

（1）进入透视视图，按住Alt键拖曳鼠标旋转视图，滑动鼠标滚轮缩放视图，按住Alt键拖曳鼠标，将视图调整至当前效果，如图13-81所示。

图 13-81

（2）在菜单栏中依次单击"创建"|"摄像机"|"摄像机"，选项如图13-82所示。

图 13-82

（3）单击"摄像机"右侧的█按钮，使其变为█按钮，如图13-83所示。

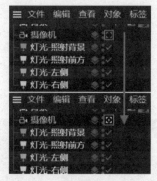

图 13-83

13.4.2 渲染

确认"摄像机"右侧的按钮为█，并且当前的视角是正确的。单击"渲染到图片查看器"按钮█，最终渲染效果如图13-84所示。

图 13-84